李 博 赵 旗 ◎著

传统建筑
搭材作营造技艺

CHUANTONG JIANZHU

DACAIZUO YINGZAO JIYI

北京燕山出版社
BEIJING YANSHAN PRESS

U0669805

图书在版编目（CIP）数据

传统建筑搭材作营造技艺 / 李博, 赵旗著. -- 北京：
北京燕山出版社, 2025. 4. -- ISBN 978-7-5402-7286-9

Ⅰ. TU745.9

中国国家版本馆 CIP 数据核字第 20240U1F03 号

传统建筑搭材作营造技艺

作　　者：	李　博　　赵　旗
责任编辑：	刘朝霞　　任　臻
出版发行：	北京燕山出版社有限公司
社　　址：	北京市西城区椿树街道琉璃厂西街 20 号
邮　　编：	100052
电　　话：	86-10-65240430（总编室）
印　　刷：	廊坊市印艺阁数字科技有限公司
成品尺寸：	880mm × 1230mm　1/32
字　　数：	150 千字
印　　张：	6.875
版　　次：	2025 年 4 月第 1 版
印　　次：	2025 年 4 月第 1 次印刷

ISBN 978-7-5402-7286-9

定　　价：49.00 元

编委会

编　辑　部：张客唯　徐雄鹰　万彩林　李　博

执行编辑：张　磊

执　　笔：李　博　赵　旗

制　　图：万彩林　杨秀海

《大木知了歌》搜集整理及注解人：郑晓阳　张庆明

前　言

　　一直希望能有一部搭材作营造技艺的专著，因此，提起笔来，格外珍惜这次难得的机会，同时也感到特别大的压力。对于历史悠久、博大精深的传统建筑搭材作营造技艺而言，这部拙作甚至难称"沧海一粟"。但是，崇敬、传承搭材作营造技艺这种使命感，让我们沉下心来，仿佛跟随在历代搭材作匠人之后，尽量把他们汇毕生心血于其中的营造技艺挖掘、整理出来，以其本来面目展现在大家面前。

　　应该说，搭材作营造技艺在我们这一代人手里，已经失传了很多很多。为此，我们愧疚不已。如果我们还不及时地尽力做好眼下的这件事情，那么，就一定不仅仅是无尽的悔恨、遗憾了——看看身边，还有多少传统建筑搭材作营造技艺的体现呢？变化太大了，也许再过不了多少时间，可能变得我们都难以找到它的影子了。但愿不全是这样，因为，我们相信，搭材作营造技艺，肯定会有一代又一代的匠人来传承。

　　这部拙作在第一章简要地介绍了搭材作在传统建筑营造中的作用，介绍了搭材作的历史沿革，以及搭材作营造技艺与其他各个匠作营造技艺之间的关系，继而较为详尽地介绍了搭材作营造的支搭材料以及搬运、提升重物的设备、工具。

搭材作的支搭材料，从古至今变化非常之大，原来的支搭材料现在已经近乎绝迹。所以，这部分内容大多成了历史。

在介绍支搭材料时，基于传统建筑搭材作营造在南北方的特点，分别介绍了竹、木两种用材及对应的绑扎材料。其中，特别对搭材作在北方使用扎缚绳绑扎的主要绳扣，包括打撬的扣和直接绑的扣，画了分解图。同样，对搬运、提升重物常用的棕绳、钢丝绳等几种绳子的主要绳扣，以及插绳头、插绳套的做法，也画了分解图。这样做，力图让人一目了然，起码不至于让这些技艺很快地被完全遗忘。此外，为了使现代的以及以后的人们对搭材作还能有延续的认识，在这一章中对搭材作支搭材料除了介绍以往使用的竹、木以外，还大略介绍了现在使用的钢管；对搭材作绑扎材料除了介绍以往使用的竹篾、扎缚绳外，还介绍了后来使用的铁丝、纤维绳，并大略介绍了现在使用的钢卡扣。这样，让人更加形象地了解搭材作传统营造技艺所包含的智慧和艰辛。

从第二章开始，按照传统建筑营造的顺序，这部拙作分别介绍了搭材作在台基、构架安装、砌体、屋面和装修各个阶段的营造技艺。其中，又包括两大类，一是架子营造技艺，二是配合其他匠作及重物搬运和提升的营造技艺。

架子营造技艺，尽可能详细地介绍了传统建筑经常用到的各种架子分别是什么样子，有什么具体的使用要求，支搭架子的步骤及注意要点，各种架子还都画了图。

这些架子，大部分现在还需要使用，不过由于支搭材料的变化，特别是匠人技艺等原因，搭出来的架子很多都缺少了传统建筑搭材作的神韵，甚至不能满足其他匠作对架子的使用要求，对整个传统建筑营造产生了不利的影响。所以，一定要强调各种架子的规矩，从外观、内在，都要规规矩矩、一板一眼，该什么样就什么样。

配合其他匠作及重物搬运和提升的营造技艺，是搭材作非常重要的一部分技艺。传统建筑各匠作营造中，凡是涉及高、重、大因素的，往往都要搭材作配合。像砣盘架子绑桩锤滑道和锤套，像用底托、滚杠、两木搭或三木搭、绞磨、马道等搬运、提升重物，像打牮拨正，等等，这些营造技艺也都按照传统的方式做了介绍，并一一附图。

这些营造技艺，现在有许多也都被现代机械、设备代替了。但是，在不利于机械、设备施展的环境下，还是可以发挥这些传统技艺的优势。像打牮拨正，大体上还是用传统营造技艺；像室内重物搬运、提升，还是传统营造技艺好用。

这部拙作在第七章特别介绍了其他几种架子营造技艺。其中卷扬机架子其实也是为了简单地从外观上涵盖塔状建筑的架子，尤其是其中打戗怎么计算捧数。为此，专门列出了计算公式，还举了两个例子，画了示意图。再有，挑架子、吊架子，这些营造技艺比较复杂，虽然也配了图，也仅是示意而已，真正掌握这些技艺，还要多钻研，多实践，多积累经验。还有，临时棚舍、防护棚，都画了图，其中临时棚舍画了两个最常见的式样，防护棚画了难度较高的一个式样。临时棚舍中的起脊棚舍图中，对各个杆件如何搭接都做了非常明细的表述。对于棚舍如何缝席、绕杆，也尽量介绍得细一些，这些技艺现在几乎见不到了。

这部拙作的最后一章，介绍搭材作匠人所需技能及特殊要求。之所以放在最后一章，就是因为这一章是专门写给热衷于全面研究搭材作营造技艺的人，写给有志于真正传承搭材作营造技艺的人，写给那些真心愿意成为搭材作匠人的人。在常用技能中，包含了爬架子、站架子、扛杆子、立杆子、拔杆子、耍杆子、绑扣、瞭高、"撂底儿"、领"梢子"、使撬、插绳、拆除、起重机指挥、爬杆，共计十五种，作为搭材作匠人，必须一招一式完全掌握。在"制定方案"一节中，分别介绍了如何制定架子方案和重物运输、提升、安装方案。每一个搭材作匠人都应当去努力掌握这项技能，从而使自己成为搭材作匠人中的佼佼者。在"架子搭设备料"一节中，介绍了如何根据方案进行材料的计算，这也是一项比较烦琐、细致的技能，同制定方案一样，也需要每一个搭材作匠人去努力掌握。为更好地说明这项技能，在介绍中举例计算了其中所需各种材料的数量。在"架子搭设场地丈量"一节中，介绍了如何按照方案在营造场地做出正确的标记。这同样是一项难度较高的技能，不但要解决正方形、长方形平面架子的场地丈量，而且还要解决正六边形、正八边形等多边形和圆形平面架子的场地丈量。因此，特地介绍了圆形建筑物内、外架子如何套正六边形或正八边形平面的计算公式，介绍了搭材作匠人为此常用的口诀。总之，能否熟练掌握并应用这一章的内容，在某种程度上可以说是衡量一个搭材作匠人优秀与否的重要标志。

综上，尽管是拙作，写着，却总有不愿撂笔的感觉。这时猛然想到，写，用的是键盘，而不是笔，因而不胜感慨。愿传统建筑搭材作营造技艺随时代而传承，愿传统建筑营造技艺这部"专著"，能被更多的人写得更好。

由衷地感谢故宫博物院、北京华林源工程咨询有限公司、北京市文物古建工程公司；

由衷地感谢晋宏逵先生、张客唯先生；

由衷地感谢关心并提供参考资料的人；

由衷地感谢参与电脑制图的人；

由衷地感谢所有应该被感谢的人，从古，至今，到未来。

笔　者

目　录

第一章 传统建筑搭材作营造技艺概述

搭材作，从字面上可以看出，是主要以特定材料的支搭为营造对象的一项匠作。搭材作在传统建筑营造石、土、木、瓦、搭、油、彩、糊等几大匠作中，占据着不可或缺的地位。尽量客观、完整地整理搭材作营造技艺，不仅是对搭材作营造技艺的传承，更是对历代搭材作匠人的尊重和致敬，而且对全面了解和掌握传统建筑营造技艺，通晓石、土、木、瓦、油、彩、糊等其他各项营造技艺之间的联系，也具有非常重要的意义。

第一节 搭材作的特点和作用

一、搭材作的特点

在传统建筑石、土、木、瓦、搭、油、彩、糊等几大匠作中，搭材作与其他七个匠作不同，它的工作成果基本上不是单独、直接地体现在建筑本身，而是间接、配合性地通过建筑上其他匠作的工作成果得以体现。如果说，从传统建筑实物上，还可以揣测石、土、木、瓦、油、彩、糊等相应匠作的营造技艺，可以"照葫芦画瓢"，那么，因为传统建筑上几乎看不到搭材作留下的什么痕迹，所以，搭材作的营造技艺很难揣测，最多也只能"捕风捉影"。

二、搭材作的作用

搭材作的作用主要有以下三个方面。

（一）保证其他各项匠作营造脚手空间的需要

从现存的传统建筑，特别是现存数量最多的明清官式建筑中，我们可以看到，这些建筑不仅规模宏伟，拥有像紫禁城、十三陵、颐和园等皇家园林这样的宏大建筑群，而且包括宫殿、坛庙、陵墓、园林、城垣以及民居等繁多种类。因此，在营造过程中，石、土、木、瓦、搭、油、彩、糊等各项匠作交叉作业，必须相互协调、配合。

传统建筑具有可观的高度。其中，大家熟知的建筑如北海白塔高达36米，天坛祈年殿高38米，颐和园佛香阁兴建在20米的石造台基上，高约40米。只有利用搭材作搭设的脚手架，各匠作才能进行高空作业，完成营造。

传统建筑构造相当复杂，一般都要有比较高而稳重的台基，以及主要由繁多木构件组成的大木构架，还要有单檐或多重檐的大屋顶。如故宫太和殿三层汉白玉石雕基座高8米；长陵祾恩殿殿脊至台基地面为25米，大殿构件全部是楠木，殿内60根楠木柱中，最粗的直径 1.17 米；故宫多座大殿屋顶两重檐，天坛祈年殿三重檐，颐和园佛香阁四重檐。只有利用搭材作针对不同营造部位，为其他各匠作搭设专用的脚手架，才能顺利地进行营造。

传统建筑造型多样，装饰奢华。如祈年殿是一座鎏金宝顶、蓝瓦红柱、金碧辉煌的彩绘三层重檐圆形大殿；佛香阁是一座八面三层四重檐的塔式宗教建筑；故宫角楼更是造型奇特多姿，十字形屋脊，重檐三层，多角交错，四面凸字形平面组合。而且，传统建筑内外装饰面面俱到、精益求精，相关匠作对营造空间都有很高的要求。只有利用搭材作因型而异、因饰而异搭设脚手架，才能符合营造需求，为相关匠作提供必要的营造条件。

（二）保证其他各项匠作营造重物搬运、提升的需要

传统建筑，特别是大型、官式建筑的各类构件中，很多都是庞大、沉重之物，都需要搭材作配合相关匠作，完成相应营造。

石作各种石料、石构件，在运输、加工、安装过程中，都需要搭材作进行协作。大型石材运输，需要搭材作逢高搭道，遇沟架桥。石料加工，需要搭材作搭设相应设施，协助石料"翻身""掉个儿"。石构件安装，需要搭材作搭设马道或其他设施，协助构件就位。

木作在大木运输、制作、安装过程中，也离不开搭材作的配合。有些大型木料，也像大型石材一样，需要搭材作配合搬运，制作时，也要有搭材作搭设相应辅助设施。大木安装的整个过程，更需要搭材作以搭设专用设施及辅助或负责起重的方式，参与大木搬运、提升及相关的大木就位、支撑、找正、调整等各项具体操作。

瓦作在屋面营造过程中，遇有大型吻兽及宝顶运输、安装，

都要搭材作搭设专用脚手架，并辅助或负责起重操作。

另外，搭材作还要搭设各种专用设施，解决其他各匠作营造过程中所需大量材料垂直运输问题。

（三）保证传统建筑各种临时棚舍支搭的需要

传统建筑营造过程中，搭材作根据整体需要，支搭各种棚舍，如：材料棚、加工棚及休息场所等。

另外，搭材作还要负责传统建筑，特别是大型、官式建筑相关各类棚舍的支搭，比如一些庆典活动专用的彩棚、夏季凉棚、冬季暖棚，还有红、白事需用的各种大棚等。

第二节　搭材作的历史沿革

搭材作，应该说是伴随着传统建筑的发展，特别是大型建筑、官式建筑的发展而形成的一项匠作。由于这些大型、官式建筑规模宏伟、种类繁多、高度可观、构造复杂、造型多样、装饰奢华，在营造脚手空间、重物搬运和提升、各种临时棚舍支搭等方面的需要，都不同于小型的、一般民间的建筑，都不可能由石、土、木、瓦、油、彩、糊等相应匠作自行解决。因此，搭材作为适应这些需要，应运而生。

从一些历史资料，如非常著名的宋《营造法式》和清《工程做法》中，我们都可以看到有关搭材作的记载。近三百年前，清雍正十二年（1734年）清工部颁布的《工程做法》中，具体规定了关于搭材作的一些用工用料做法。其中，"砣盘架子"就是基础部分的打桩架子，"竖立大木架子"就是构架部分的大木安装架子，"砌墙脚手架子"就是砌体部分的砌墙架子，"搭持杆"就是屋面部分的持杆架子，"贯架"就是将重物上下运送的重物提升架子。20世纪第一个十年之初，北京正阳门重建，搭材作更是作用显著，先其他匠作而起，后其他匠作而落，这些，都记录在一些极其珍贵的历史照片里。

搭材作的匠人融汇了大量的相关民间技艺，也在民间广泛传播了自身大型、官式建筑营造的精湛技艺，使搭材作营造技艺在官式建筑与民间不断交融发展。曾在近代北京盛行的"棚铺"，其中就有搭材作的匠人。并且，有的棚铺还参与过宫廷的建筑营造或棚舍搭建。在1919年的一幅历史照片中，也保留了搭棚的一些细节，让我们对搭材作留下更直观的印象。

从清末开始，国外传入的一些有关起重和架子的先进机械和技术，也被搭材作吸收采用。

搭材作的匠人即搭材匠，包括民间的棚匠，多体格强壮，身手矫健，一般还要练练武艺，有点功夫。新中国成立以后，搭材作随国家建设的发展而得到复兴，搭材匠（包括棚匠）大多加入各建筑施工企业，统称架子工。在明清官式建筑等传统建筑的修缮、翻建、仿建及棚仓搭设施工中，仍然需要采用搭材作营造技艺。比如，新中国成立初期天安门华表整体位移等，就是由搭材作匠人完成的。

第三节　搭材作营造支搭材料

传统建筑搭材作支搭的各种脚手架子，主要是由若干类杆件以及将相交杆件连接在一起的绑扎材料，还有供匠人操作站立及材料运输堆放的脚手板所构成的。

垂直状态的杆件叫立杆，也叫立柱、柱子。水平状态的杆件叫大横杆，简称横杆①，也叫顺水。倾斜状态的杆件叫斜杆，也叫斜撑、戗。用于搭载脚手板的杆件叫小横杆，也叫排木、码子。在杆件相交处，必须用绑扎物连接牢固。

传统建筑搭材作营造使用的支搭材料，总的来说遵循因地取材、与时俱进的原则。

一、我国南方营造使用的材料

在我国南方，温暖潮湿，传统建筑搭材作营造使用的材料，以南方盛产的竹子为主，支搭脚手架及其他设施，立柱和横杆等杆件主要使用竹竿，绑扎材料主要使用竹篾，脚手板也是主要使用竹片叠合制成。

（一）主要材料种类及规格要求

竹竿采用生长期三年以上的毛竹，弯曲、青嫩、枯黄、黑

---

① 注：下文"大横杆"统一简称为"横杆"。

斑、虫蛀以及裂纹连通两节以上的竹竿都不能使用。

使用竹竿搭脚手架，立杆、斜杆、横杆的小头有效直径不小于 7.5 厘米，小横杆的小头有效直径不小于 9 厘米。

绑扎用的竹篾，根据绑扎需要裁成定长，使用前必须用水浸透，保持充分柔韧。

竹脚手板所用竹片必须直顺，宽度一般为 5 厘米，长度在 3 米以内，片片相叠不超过 30 厘米厚，再用竹签或铁条间距 50 厘米穿连紧固成型。

（二）绑扎方法

1. 竹篾绑扎的方法

因绑扎节点及杆件受力作用不同，主要分为以下几种。还要特别注意，绑扎过程中，随时都要把竹篾搜紧。一根竹篾不够长时，可将另一根接用，两根竹篾头相互拧绕，搭接长度不少于 10 厘米，且须压实在杆件上。

（1）在横杆和立杆十字交叉的情况下，竹篾的绑扎方法为：

左手托住横杆，右手持竹篾一头，从横杆上方的立杆右侧绕到立杆左侧，用左手按在横杆上，留 15 厘米左右的富余；用右手持立杆右侧垂下的竹篾，压住左侧绳头，从横杆下方立杆左侧向上，兜过立杆，从立杆右侧横杆上方绕到立杆左侧横杆下方，如此缠绕三圈；再经横杆下方从立杆左侧，围立杆绕一个圈；再从横杆下方立杆右侧向上，兜过横杆，从横杆上方立杆左侧绕到横杆下方立杆右侧，如此缠绕三圈；再绕到横杆上方立杆左侧，围立杆绕一个圈；随即在横杆和立杆之间缠紧；之后，与刚才富余出的竹篾头系好结。

（2）在斜杆与横杆或立杆交叉的情况下，竹篾的绑扎方法为：

将竹篾一头从交叉处斜杆绕过，用左手压在横杆或立杆上，并留出 15 厘米富余；余下竹篾在斜杆与横杆或立杆交叉处缠绕六圈；然后在斜杆上绕一个圈；再在斜杆和横杆或立杆之间缠紧；之后，与刚才富余出的竹篾头系好结。这里要特别注意，绳套缠绕的方向必须同杆件交叉处最短的距离相同，即与斜杆近乎垂直。

（3）在横杆与横杆、立杆与立杆、斜杆与斜杆搭接的情况下，竹篾的绑扎方法为：

将竹篾一头从杆件搭接处绕过，用左手压在杆件上，并留出 15 厘米富余；然后，继续缠绕；之后，与刚才富余出的竹篾头系好结。

2. 纤维编织带和铁丝的绑扎方法

20 世纪 90 年代，绑扎用的竹篾开始被纤维编织带和镀锌铁丝所逐步代替。纤维编织带系特制聚丙烯经过拉丝制成，其规格通常为宽 6 毫米、厚 0.7 毫米，根据绑扎需要裁成定长。绑扎连接点的镀锌铁丝，常用双股 10 号或 12 号镀锌铁丝。

纤维编织带的绑扎方法与竹篾绑扎方法基本相同。

铁丝应根据绑扎杆件粗细程度截为不同长度，先弯成铁丝扣，即两手按左前右后将铁丝对折，居中弯一个直径 2 厘米左右的小圆"鼻子"，接着顺势在其左右弯出各宽约 5 厘米并带下垂弧度的"肩膀"，再将两边余下铁丝捋直（参见图 1.3-11）。

绑扎杆件时应选用长度适宜的铁丝，绑扎完毕，铁丝头应在5 至 8 厘米之间。

铁丝绑扎的工具是一种专用钢钎，俗称"钎子棍"，长约 30至 40 厘米；一头是宽 3 厘米余、长约 10 厘米的把手，上边一般都带有拆架子克铁丝的"鹰嘴"和拴保险绳的孔眼；另一头钢钎1.5 厘米左右粗细，头部磨尖（参见图 1.3-12）。

（1）在横杆和立杆十字交叉的情况下，铁丝的绑扎方法为：

左手托住横杆，右手握铁丝"肩膀"，将铁丝两头分别从立杆左侧的横杆上、下穿过；然后，使铁丝"鼻子"对准立杆中线，并用托横杆的左手虎口按住；右手从立杆背后分别将铁丝两头绕过来，在立杆上绕一个圈；再按横杆下、上的次序分别带过来，用托横杆的左手虎口按在铁丝"鼻子"下边；接着，右手持钎子棍，从铁丝"鼻子"左侧插进去，顺时针方向转一个半圈拧紧为宜。

（2）在斜杆与横杆或立杆交叉的情况下，铁丝的绑扎方法为：

先将铁丝"肩膀"捋直，铁丝并在一起；左手握铁丝"鼻子"，按在横杆或立杆与斜杆交叉处的横杆或立杆中线上；按横杆或立杆与斜杆交叉的最短距离即与斜杆近乎垂直方向，从横杆上或立杆左插过铁丝；在斜杆上绕一个圈，绕过斜杆，铁丝头按在铁丝"鼻子"下边；接着，右手持钎子棍，从铁丝"鼻子"左侧插进去，顺时针方向转一个半圈拧紧为宜。

（3）在横杆与横杆、立杆与立杆、斜杆与斜杆搭接的情况下，铁丝的绑扎方法为：

先将铁丝"肩膀"捋直，铁丝并在一起；左手握铁丝"鼻子"，按照横杆、斜杆从上边到下边，以及立杆从左边到右边的方式，将铁丝绕过杆件，铁丝头按在铁丝"鼻子"下边；接着，右手持钎子棍，从铁丝"鼻子"左侧插进去，顺时针方向转一个半圈拧紧为宜。

二、我国北方营造使用的材料

在我国北方，气候干燥，冬季寒冷，传统建筑搭材作营造使用的材料，不可能像南方那样大量使用竹子，而只能是以木料为主。支搭脚手架及其他设施，立柱和横杆等杆件主要使用杉篙，绑扎材料主要使用麻绳，脚手板主要使用松木板。

（一）主要材料种类及规格要求

木杆主要用剥皮杉篙，缺乏杉篙时，也可用其他坚韧质轻的木料。腐朽、易折裂以及有枯节的木杆不得使用。杨木、柳木质脆易折，一般也不宜使用。

使用木杆搭脚手架时，立杆和斜杆的小头有效直径不小于 7 厘米，横杆、小横杆的小头有效直径不小于 8 厘米。

支搭脚手架及其他设施，各杆交接处以扎缚绳为绑扎材料，用摽棍摽紧等方法绑扎。扎缚绳一般也称扎绑绳，为白色苘麻绳，直径 1.2 厘米，长度为 1.5 米。摽棍为长度 30—40 厘米、直径 3 厘米许的木棍。摽棍摽紧后用小连绳和木杆绑牢。小连绳又称三股绳，为黄色线麻绳，直径 0.4 厘米，长 1—1.5 米。

松木脚手板厚 5 厘米，宽 20—40 厘米，长 2—6 米。

（二）绑扎方法

1.打摽的绑扎方法：

因绑扎节点及杆件受力作用不同，主要分为以下几种。还要特别注意，一根扎缚绳不够长时，可与另一根接用，两根绳头相互拧绕，搭接长度不少于 30 厘米。

（1）在横杆与立杆十字交叉，由横杆直接承受垂直压力的情况下，打摽的绑扎方法如图 1.3–1 所示：

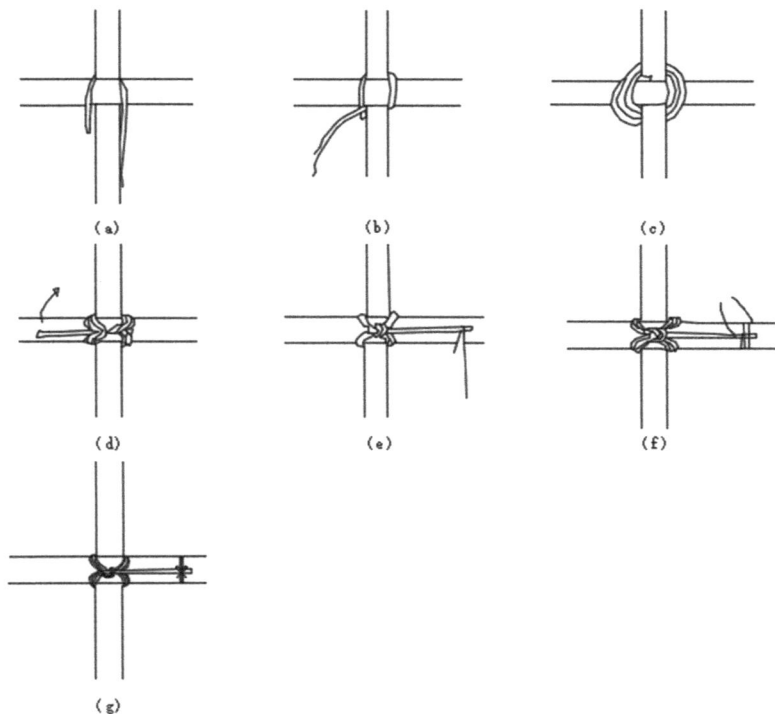

图 1.3–1 打摽（1）

　　用左手托住横杆，使横杆紧贴立杆，用右手将扎缚绳缠实的绳头从横杆上方的立杆右侧甩到立杆左侧，并从横杆上方垂下来，搭在托横杆的左手靠身体一侧，留有 10 多厘米的富余；然后，将搭过横杆上方的另一头扎缚绳，同样通过托横杆的左手靠身体一侧，经横杆下方，从立杆右侧绕到立杆左侧；再向上，通过托横杆的左手靠身体一侧，经横杆上方，从立杆左侧绕到立杆右侧；再向下，通过托横杆的左手靠身体一侧，经横杆下方，从立杆右侧绕到立杆左侧；再向上……如此反复，扎缚绳从横杆上、下的立杆均绕过三次，最后一次从横杆下方的立杆左侧绕过来，再向上，搭在左手上，压住开始留有的富余绳头，并将绳头塞入刚才的绳套内；如这时绳头还长，可继续缠绕，直至完成上述操作。在这些操作中，托横杆的左手靠身体一侧应始终为打摽需要与横杆保持适度距离，使绳套和杆件之间留有足够的空隙。打摽时，摽棍从缠绕的绳套左侧穿过，顺时针方向转一圈半摽紧为宜，然后，贴在横杆上，用小连绳将摽棍端头和横杆绑牢。绑小连绳时，将小连绳一头15厘米左右搭过摽棍贴横杆一面，另一头向下缠绕摽棍及横杆三圈以上，从横杆上方返下来，与摽棍贴横杆一面返上来的绳头搭接，用麻花扣绑牢。

（2）在横杆与立杆十字交叉，由横杆直接承受横向压力或拉力的情况下，打摽的绑扎方法如图1.3-2所示：

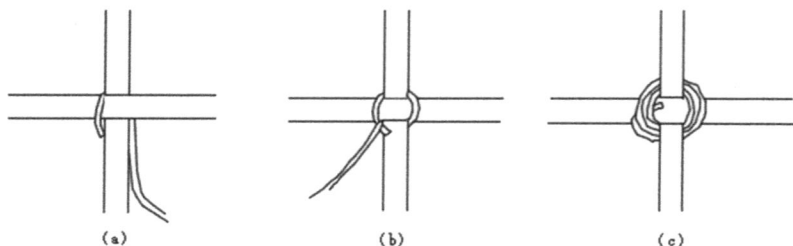

图1.3-2　打摽（2）

用左手托住横杆，使横杆紧贴立杆，用右手将扎缚绳缠实的绳头从横杆下方的立杆右侧甩到立杆左上侧，并从横杆上方垂下来，搭在托横杆的左手靠身体一侧，留有10多厘米的富余；然后，将另一头扎缚绳，同样通过托横杆的左手靠身体一侧，经横杆上方，从立杆右侧斜绕到立杆左下侧；再向上，通过托横杆的左手靠身体一侧，经横杆上方，从立杆左侧斜绕到立杆右下侧；再向上，通过托横杆的左手靠身体一侧，经横杆上方，从立杆右侧斜绕到立杆左下侧；再向上……如此反复，扎缚绳经横杆上方从立杆左、右均斜绕过三次，最后一次从横杆下方的立杆左侧绕过来，再向上，搭在左手上，压住开始留有的富余绳头，并将绳头塞入刚才缠绕的绳套内；如这时绳头还长，可继续缠绕，直至完成上述操作。在这些操作中，托横杆的左手靠身体一侧应始终为打摽需要与横杆保持适度距离，使绳套和杆件之间留有足够的空隙。打摽时，摽棍从缠绕的绳套之间穿过，顺时针方向转一圈半摽紧为宜，然后，用小连绳将摽棍和横杆绑牢。

（3）在横杆与斜杆、立杆与斜杆交叉时，打摽的绑扎方法如图 1.3-3 所示：

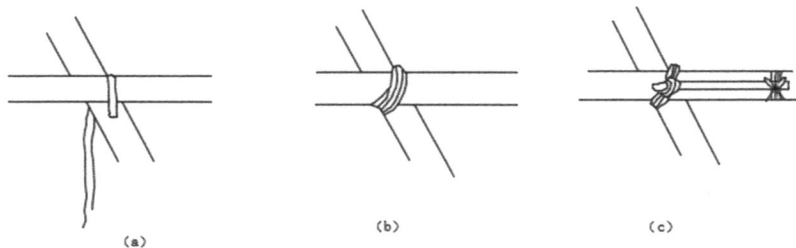

（a）　　　　　　（b）　　　　　　（c）

图 1.3-3　打摽（3）

左手握住扎缚绳缠实的绳头，留出 10 厘米的富余，右手将其余的扎缚绳在横杆与斜杆、立杆与斜杆交叉处缠绕三圈以上，并为打摽需要在杆件和绳套间留足适当余量。然后，把绳头玉住左手的富余绳头，并塞入缠绕的绳套内。打摽时，摽棍从缠绕的绳套之间穿过，顺时针方向转一圈半摽紧为宜，然后，用小连绳将摽棍和杆件绑牢。这里要特别注意，绳套缠绕的方向必须同杆件交叉处最短的距离相同，即与斜杆近乎垂直。

（4）横杆与横杆、立杆与立杆、斜杆与斜杆搭接时，打摽的

绑扎方法如图 1.3-4 所示:

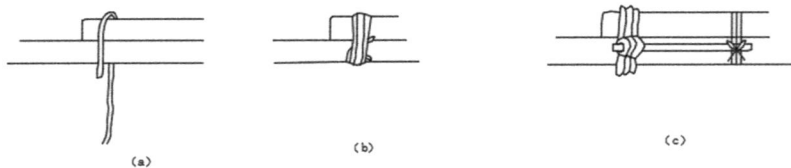

图 1.3-4　打撑（4）

基本上与（3）相同，横杆梢头搭接时，可以直接用扎缚绳绑扎。

2. 绑扣的绑扎方法:

绑扣，就是不用打撑，只用扎缚绳直接绑扎的方法。绑扣因绑扎节点及杆件受力作用不同，主要分为以下几种。需要提醒的是：与打撑的绑扎方法不同，扎缚绳的直接绑扣方法，随时都要把绳子拽紧。一根扎缚绳不够长时，可与另一根接用，两根绳头相互拧绕，搭接长度不少于 30 厘米，且须压实在杆件上。

（1）在横杆与立杆十字交叉，由横杆直接承受垂直压力的情况下，扎缚绳的绑扎方法如图 1.3-5 所示:

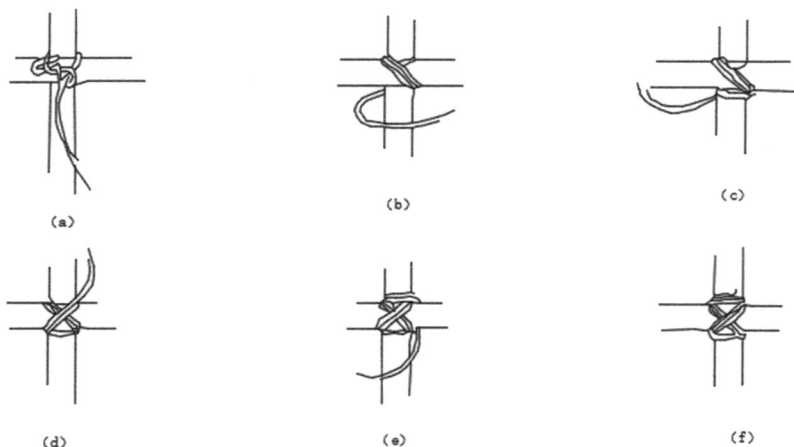

图 1.3-5　绑扣（1）

　　左手托住横杆，右手将缠实的扎缚绳绳头从横杆上方的立杆右侧绕到立杆左侧，并在绳子上缠一个活结；随即将绳子拽紧，从横杆上方立杆左侧向下，兜过横杆，从横杆下方立杆右侧绕到横杆上方立杆左侧，如此缠绕两圈；再绕到横杆下方立杆右侧，围立杆绕一个圈，再从横杆下方立杆左侧向上，兜过横杆，从横杆上方立杆右侧绕到横杆下方立杆左侧，如此缠绕两圈；再绕到横杆上方立杆右侧，围立杆绕一个圈；随即在横杆和立杆之间缠紧，绳头塞进绳套缝隙中。

　　（2）在横杆与立杆十字交叉，由横杆直接承受横向压力或拉力的情况下，扎缚绳的绑扎方法如图 1.3-6 所示：

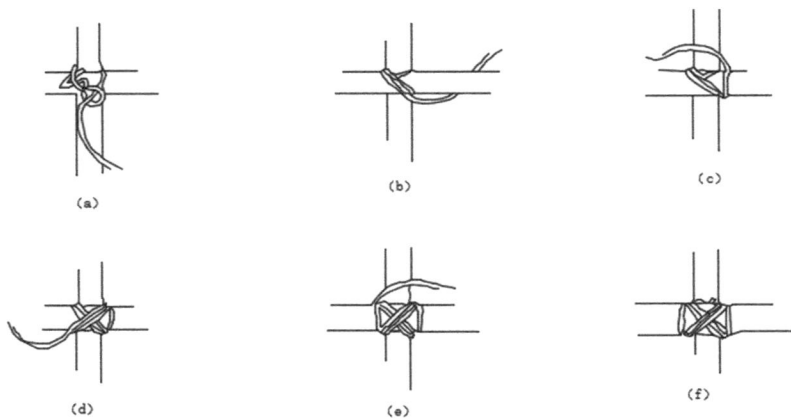

（a）　　　　　　　（b）　　　　　　　（c）

（d）　　　　　　　（e）　　　　　　　（f）

图 1.3-6　绑扣（2）

　　左手托住横杆，右手将缠实的扎缚绳绳头从横杆上方的立杆右侧绕到立杆左侧，并在绳子上缠一个活结；随即将绳子拽紧，从横杆上方立杆左侧向下，兜过横杆，从横杆下方立杆右侧绕到横杆上方立杆左侧，如此缠绕两圈；再绕到横杆下方立杆右侧，围横杆绕一个圈，再从横杆上方立杆右侧向下，兜过横杆，从横杆下方立杆左侧绕到横杆上方立杆右侧，如此缠绕两圈；再绕到横杆下方立杆左侧，围横杆绕一个圈；随即在横杆和立杆之间缠紧，绳头塞进绳套缝隙中。

（3）在斜杆与横杆或立杆交叉的情况下，扎缚绳的绑扎方法如图 1.3-7 所示：

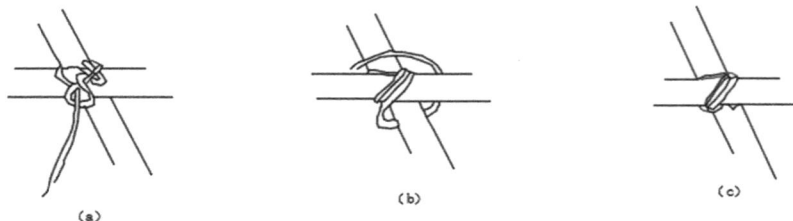

图 1.3-7　绑扣（3）

将缠实的扎缚绳绳头从斜杆与横杆或立杆交叉处绕过，并在绳子上缠一个活结；随即将绳子拽紧，在斜杆与横杆或立杆交叉处缠绕三圈；然后在斜杆上绕一个圈，再在斜杆和横杆或立杆之间缠紧，绳头塞进绳套缝隙中。这里要特别注意，绳套缠绕的方向必须同杆件交叉处最短的距离相同，即与斜杆近乎垂直。

（4）在横杆与横杆、立杆与立杆、斜杆与斜杆搭接的情况下，扎缚绳的绑扎方法如图 1.3-8 所示：

图 1.3-8　绑扣（4）

将缠实的扎缚绳绳头从杆件搭接处绕过，并在绳子上缠一个活结；随即将绳子拽紧，并继续缠绕，绳头塞进绳套的缝隙中。

（5）在两根横杆端头垂直相交于立杆的情况下，以面对立杆时横杆端头在立杆右侧为正手位，扎缚绳的绑扎方法分为两种：

端头在立杆右侧的横杆（以下称"横杆甲"）在另一横杆（以下称"横杆乙"）上面，绑扎方法如图 1.3-9 所示：

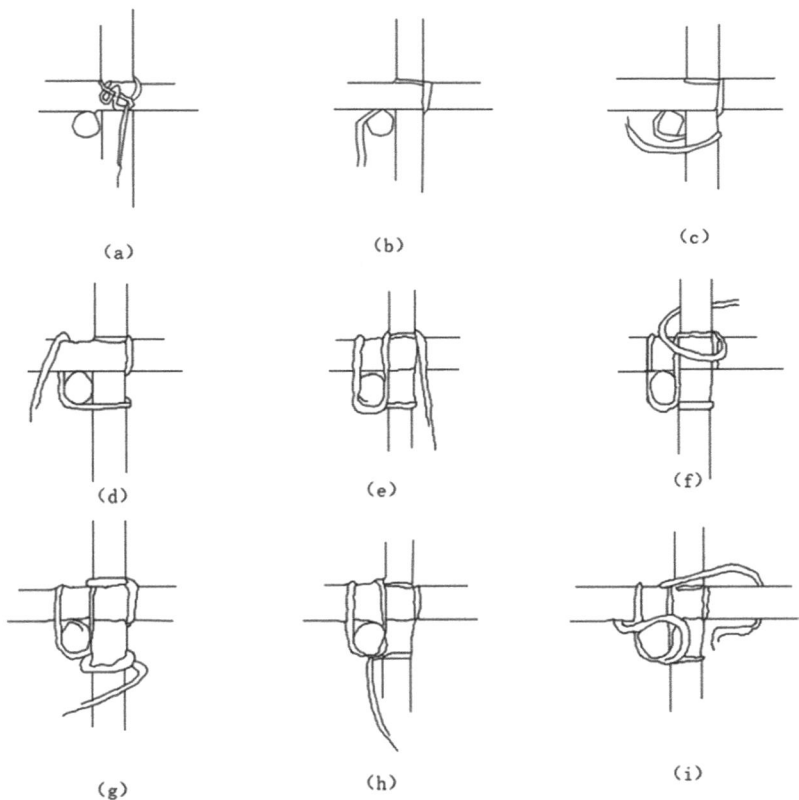

（a）　　　　　　　　（b）　　　　　　　　（c）

（d）　　　　　　　　（e）　　　　　　　　（f）

（g）　　　　　　　　（h）　　　　　　　　（i）

图 1.3-9　绑扣（5）

将缠实的扎缚绳绳头绕过横杆甲上方的立杆，并在绳子上缠一个活结，随即将绳子拽紧；从立杆右侧向下兜过横杆甲；从横杆甲下方，经立杆后向左绕过去，从横杆乙上方向下兜过横乙；再向右，绕过立杆；经立杆前向左，再向上兜过横杆乙；继而向上，兜过横杆甲；向下，兜过横杆乙；向上，经横杆甲上方，绕到立杆后方，从左到右；再向下……如此缠绕两遍后，在缠绕第三遍时，先在横杆甲上方的立杆周围绕一个圈，即"打围脖"，如图 1.3-9（f）所示；

再向下，从立杆右侧向下兜过横杆甲；从横杆甲下方，经立杆后向左绕过去，从横杆乙上方向下兜过横杆乙；再向右，绕过立杆，如图 1.3-9（g）所示，打一个"围脖"；经立杆前向左，再向上兜过横杆乙；继而向上，兜过横杆甲；向下，兜过横杆乙；向上，到横杆甲上方；这时，如图 1.3-9（h）所示；

从横杆甲上方向下，兜过横杆乙与立杆的缝隙，勒紧；再如图 1.3-9（i）所示；

沿横杆乙与立杆缝隙向上，兜过横杆乙上方，接着经横杆甲下方，拽向横杆甲与立杆的缝隙，从立杆右侧向下勒紧；再将绳头向左勒紧，塞在横杆甲与横杆乙及立杆相交绳套的缝隙里，或将绳头劈开绕横杆用麻花扣扎紧；如绳头富余较长，可按上述方法继续缠绕，最后将绳头塞进邻近的绳套里。

横杆甲在横杆乙下面，绑扎方法如图 1.3-10 所示：

将缠实的扎缚绳绳头绕过横杆甲下方的立杆，并在绳子上缠一个活结，随即将绳子拽紧；从立杆右侧向上兜过横杆甲；从横杆甲上方，经立杆后向左绕过去，从横杆乙下方向上兜过横杆乙；再向右，绕过立杆；经立杆前向左，再向下兜过横杆乙；继而向下，兜过横杆甲；向上，兜过横杆乙；向下，经横杆甲下方，绕到立杆后方，从左到右；再向上……如此缠绕两遍后，在缠绕第三遍时，在横杆甲下方的立杆绕一个圈，即"打围脖"，

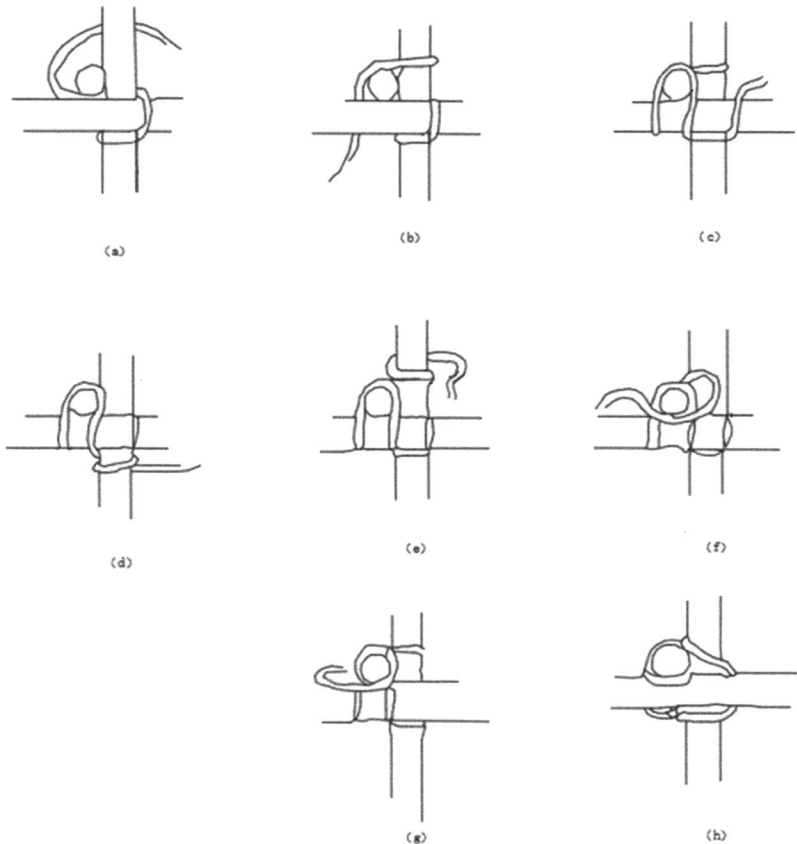

（a）　　　　　　　　　　（b）　　　　　　　　　　（c）

（d）　　　　　　　　　　（e）　　　　　　　　　　（f）

（g）　　　　　　　　　　（h）

图 1.3-10　绑扣（6）

如图 1.3-10（d）所示；再从立杆右侧向上兜过横杆甲；从横杆甲上方，经立杆后向左绕过去，从横杆乙下方向上兜过横杆乙；再向右，绕过立杆，如图 1.3-10（e）所示，打一个"围脖"；经立杆前向左，再向下兜过横杆乙；继而向下，兜过横杆甲；向上，兜过横杆乙；向下，经横杆甲下方；再如图 1.3-10（f）所示，兜过横杆乙与立杆的缝隙，勒紧；再如图 1.3-10（g）所示，向左、向后兜过横杆甲和横杆乙的缝隙；再如图 1.3-10（h）所示，经横杆乙与立杆缝隙，从立杆前向右、向下，兜过立杆与横杆甲的缝隙；再塞进横杆甲与横杆乙之间的缝隙，或将绳头劈开绕横杆用麻花扣扎紧；如绳头富余较长，可按上述方法继续缠绕，最后将绳头塞进邻近的绳套里。

3. 铁丝的绑扎方法：

从 20 世纪 60 年代开始到 21 世纪初，支搭脚手架的绑扎材料以镀锌铁丝（俗称铅丝）为主，主要承重节点使用 8 号铁丝，非承重节点可以使用 10 号铁丝。

铁丝应根据绑扎杆件粗细程度截为不同长度的铁丝扣，如图 1.3-11 所示，两手按左前右后将铁丝对折，居中窝一个直径 2 厘米左右的小圆"鼻子"，接着顺势在其左右各窝出宽约 5 厘米并带下垂弧度的"肩膀"，再将两边余下铁丝捋直。

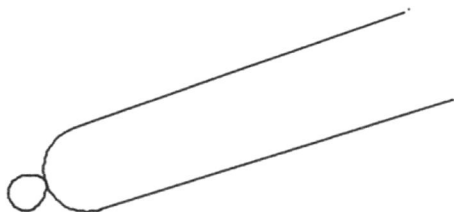

图 1.3-11　铁丝扣

绑扎杆件时应选用长度适宜的铁丝，绑扎完毕，铁丝头应在 5 至 8 厘米之间。

铁丝绑扎的工具是一种专用钢钎，俗称"钎子棍"，长约 30 至 40 厘米；一头是宽 3 厘米余、长约 10 厘米的把手，上边一般都带有拆架子克铁丝的"鹰嘴"和拴保险绳的孔眼；钢钎另一头 1.5 厘米左右粗细，头部磨尖，如图 1.3-12 所示。

图 1.3–12　钎子棍

（1）在横杆和立杆十字交叉的情况下，铁丝的绑扎方法如图 1.3–13 所示：

左手托住横杆，右手握铁丝"肩膀"，将铁丝两头分别从立杆左侧的横杆上、下穿过；然后，使铁丝"鼻子"对准立杆中线，并用托横杆的左手虎口按住；右手从立杆背后分别将铁丝两头绕过立杆，再按横杆下、上的次序分别带过来，用托横杆的左手虎口按在铁丝"鼻子"下边；接着，右手持钎子棍，从铁丝"鼻子"左侧插进去，顺时针方向转一个半圈拧紧为宜。

（2）在斜杆与横杆或立杆交叉的情况下，铁丝的绑扎方法如图 1.3–14 所示：

先将铁丝"肩膀"捋直，铁丝并在一起，左手握铁丝"鼻子"，按在横杆或立杆与斜杆交叉处的横杆或立杆中线上；按横杆或立杆与斜杆交叉的最短距离即与斜杆近乎垂直方向，从横杆上或立杆左插过铁丝；绕过斜杆，铁丝头按在铁丝"鼻子"下边；接着，右手持钎子棍，从铁丝"鼻子"左侧插进去，顺时针方向转一个半圈拧紧为宜。

（3）在横杆与横杆、立杆与立杆、斜杆与斜杆搭接的情况下，铁丝的绑扎方法如图 1.3-15 所示：

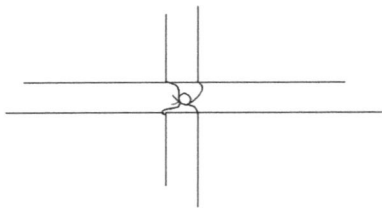

图 1.3-13　绑铁丝扣（1）　　　　图 1.3-14　绑铁丝扣（2）

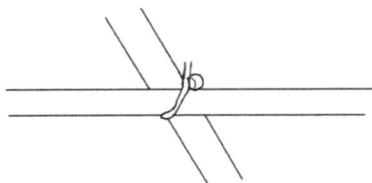

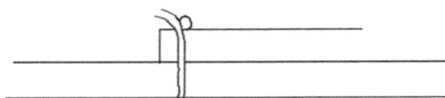

图 1.3-15　绑铁丝扣（3）

　　先将铁丝"肩膀"捋直，铁丝并在一起，左手握铁丝"鼻子"，按照横杆、斜杆从上边到下边以及立杆从左边到右边的方向，将铁丝绕过杆件，铁丝头按在铁丝"鼻子"下边；接着，右手持钎子棍，从铁丝"鼻子"左侧插进去，顺时针方向转一个半圈拧紧为宜。

三、钢管系列材料

　　从 20 世纪 70 年代开始，建筑施工逐步推广使用钢管脚手架，传统建筑搭材作营造也从多方面进行了尝试，在保证相关匠作需求的前提下，用钢管脚手架代替原来的木脚手架和竹脚手架。21 世纪初以来，已经基本上完成了这种替换。

（一）主要材料种类及规格要求

　　脚手架钢管应采用现行国家标准规定的普通钢管，规格为外径 4.83 厘米，壁厚 0.36 厘米，每根钢管的最大质量不应大于 25.8 千克，长度一般在 6 米以内。同时，钢管脚手架节点必须使用钢卡扣固定。钢卡扣为直角、对接和旋转三种类型，质量上符合相应国家标准。

拧紧钢卡扣时可用专用扳手或一般活扳手作为工具。

（二）绑扎方法

1. 在横杆和立杆十字交叉的情况下，钢卡扣的绑扎方法为：

将钢卡扣两面分别卡住立杆和横杆，注意卡住横杆卡扣的紧固螺栓应在横杆上方；然后用扳手将紧固螺栓拧紧。

2. 在斜杆与横杆或立杆交叉的情况下，钢卡扣的绑扎方法为：

将钢卡扣两面分别卡住斜杆与立杆或横杆，注意卡住斜杆、横杆卡扣的紧固螺栓应在斜杆、横杆上方；然后用扳手将紧固螺栓拧紧。

3. 在横杆与横杆、立杆与立杆、斜杆与斜杆对接的情况下，钢卡扣的绑扎方法为：

将卡扣立芯两端分别插入需对接的杆件端口，用卡扣卡住，然后用扳手将紧固螺栓拧紧。

第四节 搭材作营造搬运、提升
重物的设备、工具

一、绞磨

搭材作营造在搬运、提升重物时，使用较多的就是绞磨。绞磨支架为钢铁构架或坚固的木构架。构架高1米许，构架正中竖直安装一根钢制或木制的转轴。转轴在绞磨支架里面的部分套有束腰状卷筒，供卷绕绳索用；而转轴露在绞磨支架上面的部分，则十字相交钻两个透孔，供插入推磨杆用。推磨杆为坚固的木杠或钢管，长度3米以上，如图1.4-1所示。

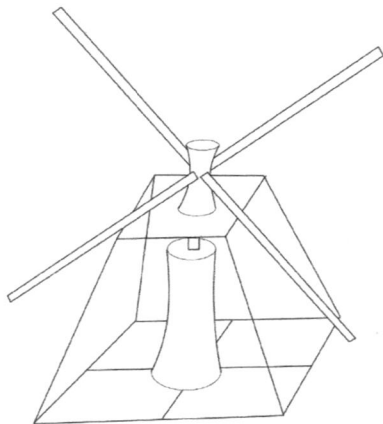

图1.4-1 绞磨

　　绞磨是一种动力装置，通过推动磨杆，经转轴、卷筒，拉动或放出缠绕在卷筒上的绳索，将力传导至重物，实现重物的搬运和提升。

　　绞磨运用轮轴原理，磨杆越长、卷筒越细，产生的力越大。

　　使用绞磨时，首先用锚桩、绳索等将绞磨在地面上固定好；然后，将连接重物的动力传导绳索逆时针方向在卷筒上缠绕三至五圈，再由后方牵出5米以上，卷筒上的绳索按前方的在下，后方的在上这种顺序依次缠绕，切不可相互绞压；绞磨启动，逆时针方向推动磨杆，随着卷筒的转动，前方连接重物的绳索不断地卷进卷筒，后方牵出的绳索则相应不断地卷出卷筒；这时，必须由专人随时拽紧后方卷出的绳索，始终保持卷筒上绳索的有序排列，如图1.4-2所示。

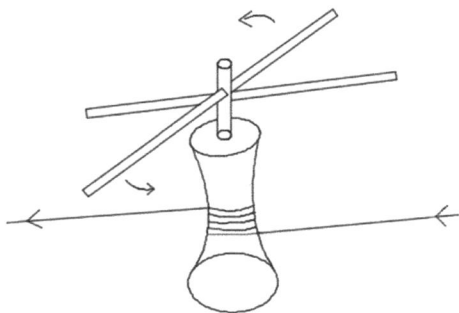

图 1.4-2　绞磨卷筒缠绳

二、滑轮

　　搭材作营造在搬运、提升重物时，滑轮是必不可少的。

　　滑轮分为铁滑轮和木滑轮。滑轮两侧的拉杆构成滑轮的基本

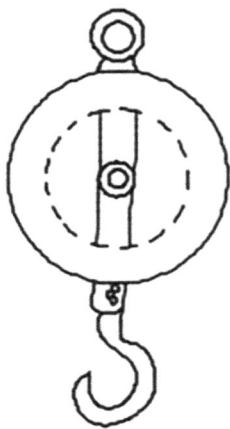

图 1.4-3　滑轮示意图

骨架，两根拉杆之间中部由穿过转轮的轴连接固定，拉杆上部由安装滑轮耳环的轴固定，拉杆下部由安装滑轮吊钩或吊环的轴固定。滑轮耳环用来固定滑轮，滑轮转轮用来穿过动力传导绳索，滑轮吊钩或吊环用来钩挂重物，如图 1.4-3 所示。

滑轮是一种动力传导装置，滑轮的作用在于省力或改变牵引力的方向。按照使用方式，滑轮分为定滑轮和动滑轮两大类。

定滑轮是指在一个地方固定不动的滑轮，它的作用在于改变用力的方向。使用时，用绳索等穿过滑轮吊环，将滑轮在一个地方固定；将传导绳索穿过滑轮转轮，一头与重物牢固连接，然后，通过拉动或放松另一头绳索，更为方便地作用于重物。

动滑轮是指随着重物移动的滑轮，它的作用在于省力。使用时，将滑轮吊钩或吊环牢固钩挂重物，然后将传导绳索穿过滑轮转轮，在重物预定移动方向，将一头固定，再拉动或放松另一头传动绳索，更为省力地作用于重物。

在实际营造过程中，多数情况下，都要采用滑车组的形式，把定滑轮和动滑轮结合在一起使用，这样，发挥了它们各自的优势，既能省力，又能改变力的方向。

三、撬棍

搭材作营造在搬运、提升重物时，撬棍更是不可离手。

撬棍由坚韧的木杠或铁棍制成。它就是最直接的杠杆，通过使支点尽量靠近重物而缩短重臂，从而起到省力的作用。

使用撬棍时，一般选用硬木做支点，支点下方地面应坚实，如地面土质较软，可在支点下垫木板或铁板。撬棍可以一根单独或几根同时使用，通过对撬棍力臂压、摆、推、晃等方式，直接作用于重物。除配合其他机械、设备、工具之外，撬棍在许多情况下，都能独立进行重物的搬运和提升，如图 1.4–4 所示。

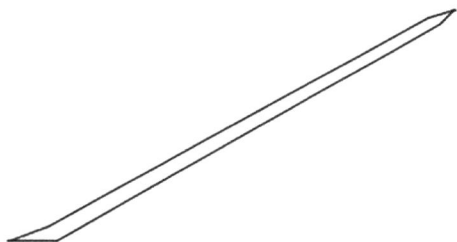

图 1.4–4　撬棍

四、滚杠和重物底托

搭材作营造在搬运、提升重物时，还要经常使用滚杠和重物底托。

滚杠可以用硬圆木、圆钢或灌砂钢管制成，直径一般应大于 5 厘米，长度应大于重物底托的宽度，每边至少大出 20 厘米。

重物底托，也叫"拍子"，一般可以用木料制成，重量较大时，可以用钢材制成。底托下部沿重物移动方向，纵向铺两根或多根底梁，在底梁上面横向固定横梁或横板。底托的面积、结构必须确保底托足以用来放置、承载重物。

移动重物时，如图 1.4–5 所示，底托下面横向放置滚杠，滚杠应根据重物重量决定间距，一般间距在 10 厘米左右；滚杠下面，沿重物移动方向，铺设垫板，垫板一般采用木料，重量过大时，也可以采用钢材。

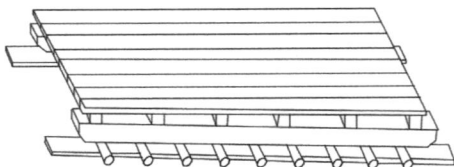

图 1.4–5　底托下置滚杠

开始移动时，将力作用于底托，滚杠随之不断滚动。这时，须有专人及时在移动方向前方铺设垫板、放置滚杠，并且通过使用大锤、撬棍等工具，调整滚杠与底托之间的角度，用以控制重物移动的方向。遇到上坡，必要时需在重物移动方向后方的滚杠后面放置备用木制或钢制楔子，防止意外滑坡。暂停移动时，必须在移动方向前方的滚杠前面以及移动方向后方的滚杠后面放置楔子，防止重物失控位移。整个移动过程中，须在重物移动的侧方进行操作；重物的正前方、正后方根据重物移动具体情况设定危险距离，禁止任何人进入。

五、其他较现代化的机械设备

倒链是很方便使用的一种设备。如图 1.4–6 所示，倒链由一个链条圈和由它带动的齿轮或涡轮装置组成，只要一两个人就能进行操作，可以在水平、垂直、倾斜等状态下使用，在设备额定的、一般为几米的短距离内移动重物。

千斤顶是被广泛运用的设备。一般常用的千斤顶有齿条式、螺旋式和液压式三种。如图1.4-7所示，千斤顶在向上撬动重物这一点上，就是扩大级的杠杆。使用时，压动摇杆，通过机械作用，使千斤顶内的螺杆或活塞上下运动，可以比较方便地升降重物。现在，还有各种电动千斤顶可供选用，为升降重物提供了更多的便利。

卷扬机这种设备更被经常使用。如图1.4-8所示，卷扬机其实也可以被称为机械化程度更高而且可以采用电气化的绞磨。从减轻繁重体力劳动以及加大牵引力上讲，卷扬机起到了重要的作用。

现在还经常使用起重机。起重机综合了多种机械设备的功能，在许多场合下，可以满足搬运、提升重物方面的需要。当然，遇到场地狭窄、道路不畅、上空有电线或其他障碍物，特别

图1.4-6　倒链

是营造场地在室内等情况，就必须"忍痛割爱"，从我们前面所谈的设备工具中，做出适当的选择了。

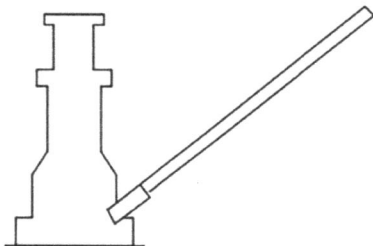

图1.4-7　千斤顶

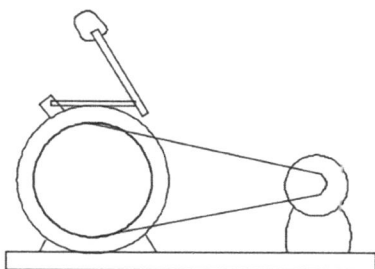

图1.4-8　卷扬机示意图

六、绳具

搭材作营造在搬运、提升重物时，经常使用的绳索有以下几种。

白棕绳。以剑麻为原料，具有滤水、耐磨和富有弹性的特点，可承受一定的冲击载荷，承受一定的拉力。一般常用的是三股白棕绳。

铁链绳。以环状锻铁相互穿连而成的链绳，坚固耐用，可以承受比较大的拉力。当然，这种链绳自重较大，它的使用也因此受到一定的限制，现在已经在许多场合被其他绳具所替代。

钢丝绳。一般是由数十根高强度碳素钢丝先绕捻成股，再由几股钢丝围绕特制绳芯绕捻而成。钢丝绳具有强度高、耐磨损、抗冲击、类似绳索的挠性，现在是使用最广泛的绳具之一。一般常用的是六股钢丝绳。

合成纤维绳。是以聚酰胺、聚酯、聚丙烯为原料制成的绳和带，因具有比白棕绳更高的强度和吸收冲击能量的特性，20世纪末、21世纪初已被广泛地使用。一般常用的是三股合成纤维绳。

搭材作营造在搬运、提升重物时，经常使用的绳索连接方法有以下几种。

1. 白棕绳、合成纤维绳的插绳连接方法

（1）绳套的编结：

如图1.4-9所示：先把绳头按绳子直径10倍的长度松开，注意把每个绳股的头用细麻绳拴结实，合成纤维绳每个绳股的头要用火烧凝；然后，在预定编结的地方用专用工具——穿子顺着绳子缠绕的方向挑起两个绳股，将松开的一个绳股从这个缝隙中

穿过；接着，继续"挑二压一"，即用穿
子挑起两个绳股，并压过刚才穿出绳股的
一个股隙，依次将松开的绳股从缝隙中穿
过……每个绳股都穿压三次以上；穿压过
程中必须拉紧每个绳股；最后，将余下部
分去除。

　　穿压绳股也可以采用"挑一压一"或
"挑二压一"加"挑一压一"等方式，效果
大体相同。

　　（2）绳头的连接：

　　如图1.4-10所示：开始和绳套的编结

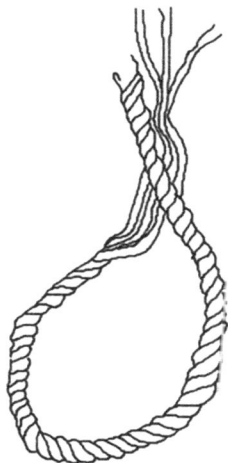

图 1.4-9　插白棕绳套

一样，先把两个绳头均按绳子直径10倍的长度松开，注意把每
个绳股的头用细麻绳拴结实，合成纤维绳每个绳股的头要用火烧
凝；再将两个绳头的各个绳股相互紧密交叉在一起，用穿子顺着
绳头甲绳子缠绕的方向挑起两个绳股，将绳头乙绳子松开的一个
绳股从这个缝隙中穿过；接着，继续"挑二压一"，每个绳股都
穿压三次以上；然后，返回来，用穿子顺着绳头乙绳子缠绕的方
向挑起两个绳股，将绳头甲绳子松开的一个绳股从这个缝隙中穿
过；接着，继续"挑二压一"，每个绳股都穿压三次以上；穿压
过程中必须拉紧每个绳股；最后，将每个绳股的麻线或纤维线都
去掉一半，再继续穿压一次，余下部分去除，这样，可以使连接
部分逐渐变细。

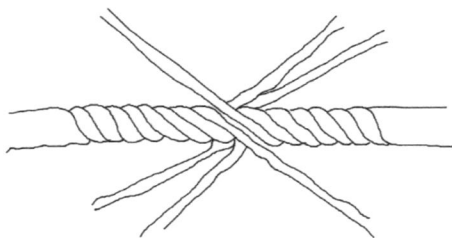

图 1.4-10　插白棕绳头

穿压绳股也可以采用"挑一压一"或"挑二压一"加"挑一压一"等方式，效果大体相同。

2. 钢丝绳的插绳连接方法

（1）绳套的编结：

钢丝绳的绳套常常在缠绕、捆绑滑轮、重物的索具上使用，也称逮子绳、千斤，一般两端各有一个绳套。

钢丝绳的绳套编结和白棕绳、合成纤维绳基本程序是一样的。如图 1.4-11 所示：先把绳头按绳子直径 30 倍的长度松开，去掉麻芯，注意把每个绳股的头用胶布粘结实；再在预定编结的地方用专用工具——穿子顺着绳子缠绕的方向挑起三个绳股，将松开的一个绳股从这个缝隙中穿过；接着，"挑二压一"，还在原处用穿子挑起两个绳股，将紧挨刚刚穿过的第一个绳股左侧的第二个绳股从这个缝隙穿过，并压过刚才穿出的绳股一个股隙；接着，"挑一压一"，还在原处用穿子挑起一个绳股，将紧挨刚刚穿过的第二个绳股左侧的第三个绳股从这个缝隙穿过，并压过刚才穿出的绳股一个股隙；接着，继续"挑一压一"，紧挨刚刚穿进绳股处左侧用穿子挑起一个绳股，依次将绳股从缝隙穿过，并压过刚才穿出的绳股一个股隙……每个绳股都穿压三次以上，并在穿压过程中拉紧每个绳股；最后将绳股余下部分去除。

　　穿压绳股也可以采用"挑五压一"至"挑一压一"等方式，效果大体相同。

　　（2）绳头的连接：

　　基本上和白棕绳、纤维绳的连接方法相同。如图 1.4-12 所示：先把两个绳头均按绳子直径 30 倍的长度松开，去掉麻芯，注意把每个绳股的头用胶布粘结实；

图 1.4-11　插钢丝绳套

再将两个绳头各个绳股相互紧密交叉在一起，用穿子顺着绳头甲绳子缠绕的方向挑起两个绳股，将绳头乙绳子松开的一个绳股从缝隙中穿过；接着，继续"挑二压一"，每个绳股都穿压三次以上；然后，返回来，用穿子顺着绳头乙绳子缠绕的方向挑起两个绳股，将绳头甲绳子松开的一个绳股从这个缝隙中穿过；接着，继续"挑二压一"，每个绳股都穿压三次以上；穿压过程中必须拉紧每个绳股；最后，将每个绳股的钢丝都去掉一半，再继续穿压一次，余下部分去除，这样，可以使连接部分逐渐变细。

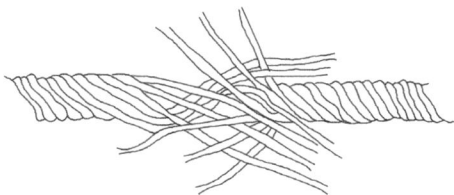

图 1.4-12　插钢丝绳头

穿压绳股也可以采用"挑一压一"等方式，效果大体相同。

搭材作营造在搬运、提升重物时，经常使用的绳扣有以下十几种。

搭材作绳扣具有用途明确、拴扣快捷、牢固结实、解扣方便等特点。下述绳扣，主要是指麻绳类的绳扣。至于钢丝绳，则禁止在绳子中间拴扣，只能必要时在绳子端头拴扣，并且不是下述所有绳扣都能适用。

①半边掖扣，也叫背扣。临时拴在杆件上且越拉越紧；拴扣、解扣极其迅速；用途广泛，几乎随处随时可用，包括扎缚绳绑扎一开始在杆件上系的都是这个扣。如图 1.4-13 所示。

图 1.4-13　半边掖扣

②银锭扣，也叫双套背扣。和背扣基本一样，只不过在绳头上再拴一个背扣，更加不易开扣。如图 1.4-14 所示。

图 1.4-14　银锭扣

③倒背扣。主要用于垂直提升杆件，在杆件下部系扣，系扣方法和背扣一样，在杆件上部再用绳子绕一个圈兜住杆件。如图 1.4-15 所示。

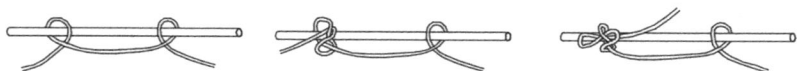

图 1.4-15 倒背扣

④八字扣，又叫梯索扣、丁香扣，俗称猪蹄扣。非常牢固，而且可以牵出两个绳头供使用，除了和上面几种扣具有相同用途外，常在两木搭人字架、扒杆等顶部拴缆风绳用。如图 1.4-16 所示。

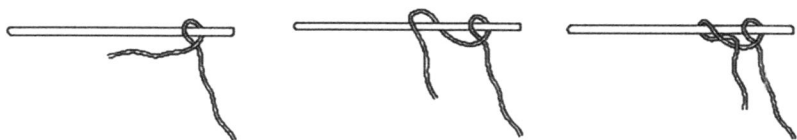

图 1.4-16 八字扣

⑤鲁班扣。用途、系法和八字扣基本一样，就是多绕一个圈。如图 1.4-17 所示。

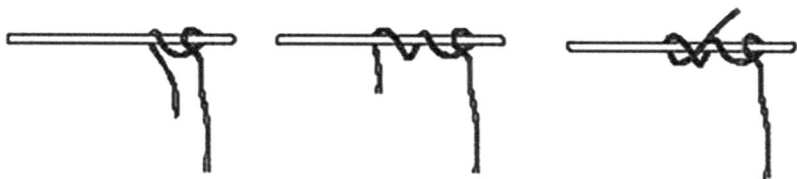

图 1.4-17 鲁班扣

⑥吊桶扣。在提升圆筒形重物时使用。如图 1.4-18 所示。

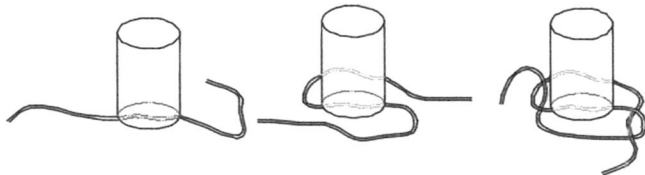

图 1.4-18 吊桶扣

⑦油瓶扣。在提升圆柱形重物时使用，可以牵出四个绳头，有利于提升的稳定。如图 1.4-19 所示。

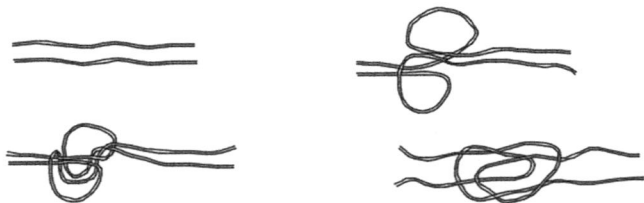

图 1.4-19　油瓶扣

⑧琵琶扣。又叫水手结，俗称拴驴扣。通常在杆件上以固定绳套的形式先拴住一个绳头时使用，这个绳套只是套在杆件上，而不是勒紧杆件。如图 1.4-20 所示。

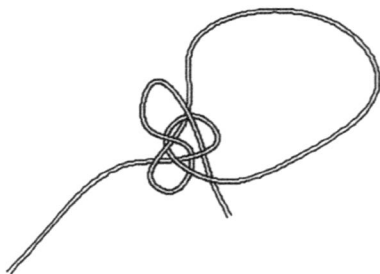

图 1.4-20　琵琶扣

⑨拴桩扣。又叫倒扒扣。通常在抻紧绳子后迅速固定绳头时使用。如图 1.4-21 所示。

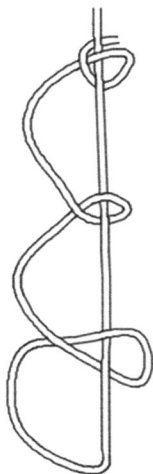

图 1.4-21　拴桩扣

⑩缩扣。在绳子太长时，可以用这个扣缩短。如图 1.4-22 所示。

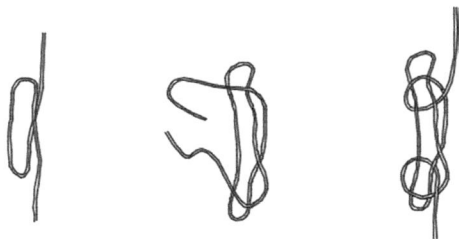

图 1.4-22　缩扣

⑪挂钩扣。可在吊钩上紧固绳索时使用。如图 1.4-23 所示。

⑫平接扣。将两根绳子接在一起时使用。如图 1.4-24 所示。

⑬套接扣。与平接扣一样可以接两根绳子，也可以在一根绳子和绳套连接时使用。如图 1.4-25 所示。

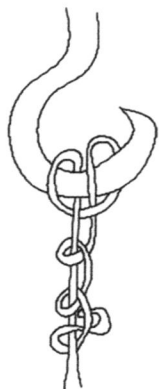

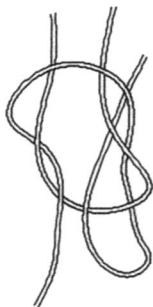

图 1.4-23 挂钩扣   图 1.4-24 平接扣   图 1.4-25 套接扣

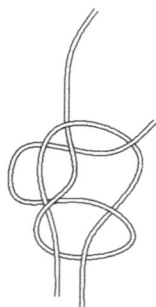

⑭ 麻花扣。系紧物件时经常用到,像小连绳最后扎紧等都要用这种扣。如图 1.4-26 所示。

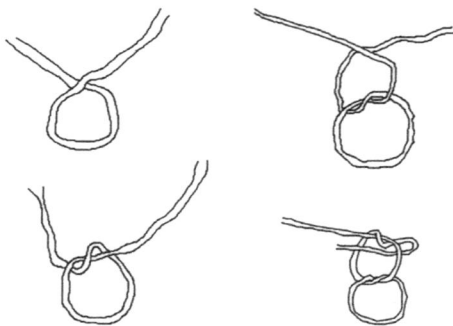

图 1.4-26 麻花扣

第五节　搭材作营造的类型

传统建筑搭材作营造包含非常广泛的内容。按下面所讲述的搭材作营造类型的几种划分方法进行划分，对全面理解和掌握这些内容，将会从建立完整系统这一角度提供一定的帮助。

一、按照传统建筑的形式划分

（一）殿堂的搭材作营造

传统建筑，特别是大型、官式建筑，其中标志性、处于核心地位的建筑，就是各种殿堂。如：代表最高皇权的故宫三大殿、皇家祭祀的太庙、皇家教育的国子监、皇家陵园的祾恩殿，以及许许多多其他的殿堂建筑。这些建筑为搭材作营造提供了一个可以集中展现的平台。

（二）城台的搭材作营造

传统建筑当中，雄伟壮观的城台占有非常重要的地位。如：天安门、午门、前门以及钟鼓楼等。在这些建筑的营造过程中，搭材作营造必须满足一些随之而来的特殊要求，保证这些建筑整体营造的顺利进行。

（三）亭廊等的搭材作营造

传统建筑的皇家园林中不乏精美的亭廊轩榭以及桥等建筑。

如：北海的五龙亭，颐和园的长廊、玉带桥等。针对这些建筑，搭材作营造又展现了别致精巧的一面，能够充分满足这些建筑营造的需求。

（四）塔的搭材作营造

传统建筑中各种塔式建筑别具风格，引人入胜。如：北海的白塔、颐和园的佛香阁等。对于这类建筑，搭材作营造的作用当然更是毋庸置疑了。

二、按照传统建筑营造的用途划分

（一）台基的搭材作营造

主要是指满足传统建筑，特别是大型、官式建筑的基础、台基、地面营造需要的搭材作营造。包括：土、瓦、石作需要的架子及设施，以及配合石料安装等。

（二）构架安装的搭材作营造

主要是指满足传统建筑，特别是大型、官式建筑构架安装营造需要的搭材作营造。包括：木作在安装各种构件时需要的不同架子及设施，以及配合构件安装等。

（三）砌筑的搭材作营造

主要是指满足传统建筑砌筑营造需要的搭材作营造。包括：瓦作在砌筑各种墙体时需要的不同架子及设施。

（四）屋面的搭材作营造

主要是指满足传统建筑，特别是大型、官式建筑屋面营造需要的搭材作营造。包括：瓦作在屋面营造时需要的不同架子和设施，以及配合吻兽安装等。

（五）装饰装修的搭材作营造

主要是指满足传统建筑内外装饰装修营造需要的搭材作营造。包括：木、瓦、石作，特别是油漆、彩画以及裱糊作在装饰装修时需要的不同架子和设施。

（六）棚仓的搭材作营造

主要是指满足传统建筑棚仓营造需要的搭材作营造。包括：传统建筑营造中临时需要的各种棚仓，以及传统建筑平时需要的各种棚仓。

三、按照传统建筑营造的架子位置划分

（一）外架子的搭材作营造

（二）内架子的搭材作营造

（三）挑架子的搭材作营造

（四）吊架子的搭材作营造

四、按照传统建筑营造的不同匠作划分

（一）配合石作的搭材作营造

（二）配合土作的搭材作营造

（三）配合瓦作的搭材作营造

（四）配合木作的搭材作营造

（五）配合油漆作的搭材作营造

（六）配合彩画作的搭材作营造

（七）配合裱糊作的搭材作营造

第二章　传统建筑台基搭材作营造技艺

这里论及的台基，包括基础以及地面，对于传统建筑，特别是大型、官式建筑而言，不仅要保证建筑的承重，而且要能够显示建筑的等级，突出建筑的形象，体现建筑的美感。因此，搭材作必须满足这些需要，为土、瓦、石等匠作支搭适用的架子和设施，并配合石料等重物的搬运、提升、制作和安装。

第一节　台基架子和设施营造技艺

传统建筑基础、台基、地面营造需要搭材作支搭适用的架子和设施。搭材作台基架子和设施营造技艺主要分为这样几个方面：

一、基础打桩架子营造技艺

打桩架子要用圆木绑扎，一般分为两木搭打桩架子和三木搭打桩架子两种。

（一）两木搭打桩架子。如图 2.1–1 所示。其实严格地讲，是组合两木搭打桩架子。这种打桩架子比较适用于墙基打桩。根据墙基的长度和桩的高度情况，确定打桩架子的长度和高度。然后，相应地搭设两木搭，并用杆件连接起来，形成两木搭组合。在架子顶部挂上可以挪动的两个滑轮，分别用来吊桩和桩锤。桩锤即桩砣，"砣"就是《工程做法》上称为"碢盘架子"的"碢"。打桩架子下脚要放置结实的木垫板，以便于打桩架子能够随着打桩位置的变化而移动。

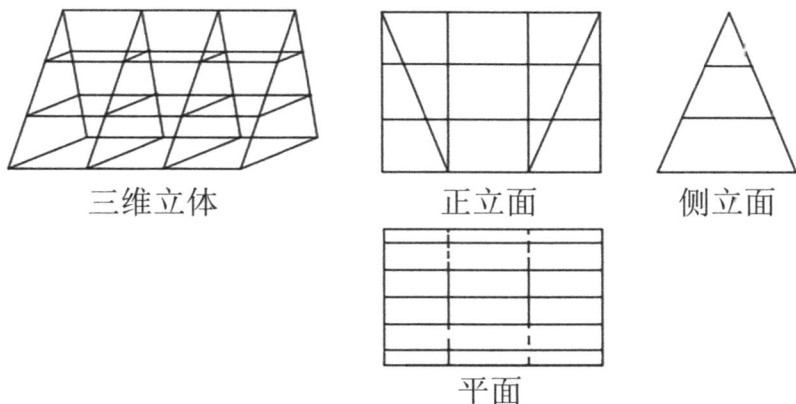

三维立体　　　　正立面　　　侧立面

平面

图 2.1–1　两木搭打桩架子示意图

具体搭设方法是：先在地面绑好两个两木搭；接着用支戗支撑或绳索牵引等方法，把这两个两木搭竖立起来；再用绑顺水的方法把两个两木搭连接在一起，并打好临时支戗；利用顺水延长部分，再绑出其他的两木搭来。两木搭间距 2 米左右，顺水间距 1.5 米左右，绑在两木搭外侧。两木搭组合每面都要打两捧抱角戗。两木搭顶部用双根圆木相叠连接起来做顶柁，用它来绑滑轮。

（二）三木搭打桩架子。如图 2.1-2 所示。这种打桩架子比较适用于柱基打桩。根据桩的高度确定架子的高度，相应地搭设三木搭，在三木搭顶部挂上滑轮，用来吊桩和桩锤。打桩架子下脚铺设结实的木垫板，以便于打桩架子能够随着打桩位置的变化而移动。

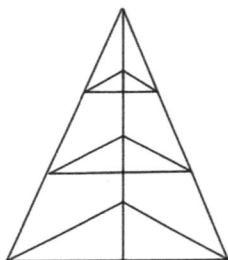

立体

图 2.1-2　三木搭打桩架子示意图

具体的搭设方法是：挑选粗细、长短合适的三根圆木，把它们拢在一起；在圆木小头端以下大约 50 厘米处，用坚韧的绳索捆绑起来；然后，用相互"拧"的方法将三根圆木"三足鼎立"地架立起来。这里所谓"拧"，就是指任何一根圆木都不能架在另两根圆木的交叉点上边。另外，捆绑三根圆木不用太紧，太紧了就会"拧"不动，三木搭就立不起来了。

三根圆木之间加绑拉杆，每步拉杆的间距在 1.5 米以内。

二、台基砌砖架子营造技艺

大型、官式建筑台基砌砖一般都非常讲究，除了比较矮的台基不用架子外，超过 1 米高的台基则都需要支搭架子。

如图 2.1-3 所示，考虑到为砌砖提供方便，架子应为双排；里排柱子距离墙面 30 厘米，里、外排柱子之间为 1 至 1.5 米；脚手板要满铺，与墙面留有 10 厘米的空隙；顺水每步间距以 1 米以内为宜。为保证架子承重，柱子间距应在 1.5 米以内；码子间距应在 1 米以内；柱子下脚应挖坑埋土夯实，并加绑扫地杆。再有，为安全起见，所有杆件连接点必须绑扎牢固，护身栏、挡脚板一应俱全。

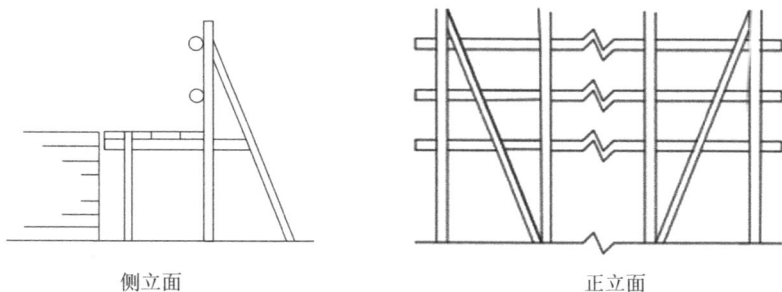

侧立面　　　　　　　　　　　　　正立面

图 2.1-3　台基砌砖架子

支搭架子前，围着台基四周丈量尺寸，先确定外排角柱的位置；然后由每面架子中心到角柱，按均匀对称原则排列计算柱子间距尺寸，标注在制作好的丈杆上；用丈杆比着，排好外排其余柱子的位置；再一一对应外排柱子，确定里排柱子的位置。每步顺水的高度，也根据砌筑现场需要确定下来，标注在丈杆上。

根据架子高度，事先准备好较为合适的立柱和斜戗用料，并备好顺水、排木、脚手板用料及绑扎材料。

架子可以有两种搭法。一是先搭好外排架子，待瓦作匠人砌筑到第一步架时，再搭里排架子，铺脚手板。二是先由瓦作匠人砌筑到第一步架，然后再由里到外搭好架子。

条件允许时，要先按预定位置挖好柱坑，立好柱子后埋土夯实。不能挖坑时，通常是按台基正面外排角柱的预定位置，用三脚支戗临时固定一根柱子，再由这根柱子开始，依次按照大约一根顺水的长度，用绑顺水的方式连接预定位置的另一根柱子，并将这根柱子用双向支戗临时固定，然后绑好扫地杆，再绑这两根柱子之间的其他柱子。里排柱子一般比台基砌砖部分高5至10厘米。

顺水绑扎，里排架子顺水在柱子外侧，外排架子顺水在里侧；正面架子顺水在侧面架子顺水下面。里排架子顺水要外延，与另一面外排架子顺水连接，绑扎牢固；外排架子各步顺水可以一次性绑扎完，里排架子顺水只能随砌筑需要一步步地绑扎。

架子绑扎过程中，要及时绑好临时支戗，保持架子稳定。外排架子主要骨架绑完后，要打好正式的戗。正式的戗一般都是"四六"戗，即戗的"底"和"高"的比是四比六。

角柱在架子正、侧两面都要分别打抱角戗。抱角戗底脚也应挖坑、埋土、夯实；戗头顶在最上一步顺水或护身扶手杆以上20厘米处的角柱上，与顺水或扶手杆绑牢；中间与柱子交接的地方，都要绑扎牢固。

外排架子四面超过一定的长度，一般为七根立柱以上，还要在四面分别打戗。立柱数为单数时，打碰头戗，两捧戗"头碰头"地顶在每面正中那根立柱上。立柱数为双数时，打对头戗，两捧戗头留一个柱当分别顶在居于每面中间的两根立柱上。戗的绑扎方法和抱角戗相同。

此外，还要打压戗，按不大于七根柱子的间距，垂直于每面架子打戗。戗的数目应为双数，按每面架子的长度分配均匀。戗的下脚应挖坑、埋土、夯实，并与对应柱子绑扫地杆；戗头绑在最上一步顺水杆下对应柱子靠角柱一侧；戗身按每步顺水高度，还应用杆件与里、外排柱子连接，绑扎牢固；连杆应绑在戗和柱子靠每面架子中间一侧。

铺脚手板时，先铺正面架子，再铺侧面架子。转角处侧面架子的脚手板直接压在正面架子的脚手板上。

护身栏绑两道，上道护身栏比脚手板高 1 米。

三、阶条石安装架子营造技艺

阶条石安装架子如图 2.1-4 所示。搭设方式分为两类，一是在台基砌砖架子基础上继续搭设，二是独立搭设。

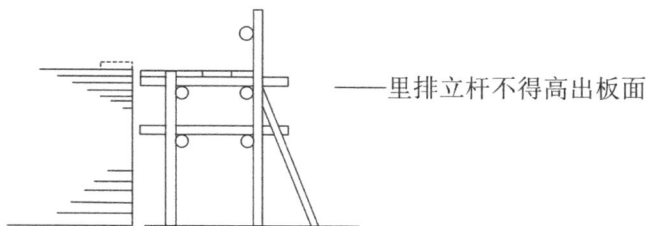

——里排立杆不得高出板面

图 2.1-4　阶条石安装架子

（一）在台基砌砖架子基础上搭设。即在台基砌砖架子搭设时，事先考虑到阶条石安装的需要。立柱的高度：外排柱子的高度，应比铺完顶层脚手板后再高出 1.2 米，即高出台基砌砖部分 1.2 米左右；里排柱子的高度，应与台基砌砖部分高度相同。顺水的高度：最上一步顺水应比台基砌砖部分低 15 厘米，即比里排柱子低 15 厘米。

台基砌砖完成后，绑最上一步里排顺水。然后绑排木码子，铺脚手板；顶层脚手板的上皮，应与里排柱子的高度基本持平，即与台基砌砖部分高度相同。绑护身栏时，应考虑预留阶条石上料口。

（二）独立搭设。即按照台基砌砖部分的高度，首先设定柱子高度：里排柱子的高度，应与台基砌砖部分高度基本一致；外排柱子的高度，应比铺完脚手板后再高出 1.2 米，即高出台基砌砖部分 1.2 米左右。然后设定顺水的高度：最上一步顺水应比台基砌砖部分低 15 厘米，即比里排柱子低 15 厘米；再比照最上一步顺水，向下反算，按间距 1 米左右设定其余各道顺水高度。

其他的准备及搭设方法和台基砌砖架子基本一样。搭设时，一般都可以从里排架子搭起。无法挖坑时，也能采用在台基上支趴戗的方法，比较方便地临时固定里排柱子。然后绑扎顺水，并且及时打好大面架子临时斜戗。外排架子绑扎完成后，立即打正式戗。铺完脚手板绑护身栏时，应考虑预留阶条石上料口。

须弥座台基架子营造技艺。

大型、官式建筑的须弥座台基，一般是由琉璃或石材安装制作而成，分为从圭角到上枋几个层次。所以，须弥座台基架子的搭设，就要充分考虑并适应这些需要。

高度在 1 米左右的须弥座台基，也可以不用专门的架子；超过这个高度，就必须搭设架子。

须弥座台基架子和台基砌砖及阶条石安装架子大致相同。如图 2.1-5 所示，需要注意的是：架子应为双排；里排柱子距离台基上枋外皮 30 厘米，里、外排柱子之间为 1 至 1.5 米；里排柱子的高度可和台基上枋上皮一致，外排柱子比里排柱子高 1.2 米；

排木码子里头距离对应台基外皮 10 厘米，脚手板要满铺，与墙面留有 10 厘米的空隙，最上一步铺板高度应在上枋下皮；顺水每步间距 1 米以内，以分别在台基束腰及上枋下皮以下 15 厘米为宜。

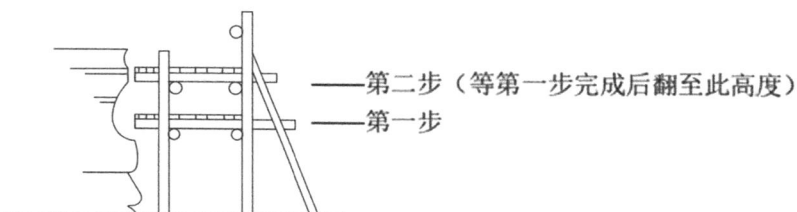

图 2.1-5 须弥座台基架子

架子搭设一般可从须弥座台基完成圭角、下枋、下枭安装后开始，可以先里后外，搭完外排架子后打戗，根据安装需要分步绑里排顺水，铺设脚手板。

四、栏杆安装架子营造技艺

栏杆，在这里指的是石栏杆。石栏杆安装架子如图 2.1-6 所示，搭设方式分为以下几种：

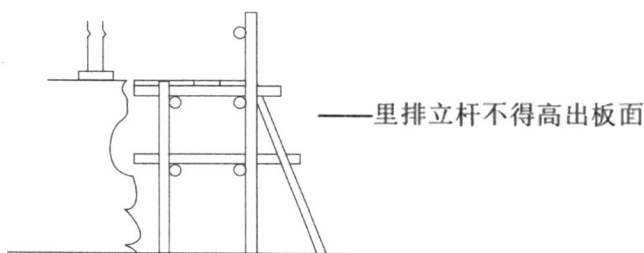

图 2.1-6 栏杆安装架子

（一）在阶条石安装架子或须弥座台基架子基础上搭设的栏杆安装架子。可以直接采用原阶条石安装架子或须弥座台基架子；或者在原架子上随栏杆安装临时铺设垫木，让垫木上皮和阶条石或须弥座上枋的上皮等高。这样，基本可以满足栏杆安装的需要。

（二）单独搭设的石栏杆安装架子。石栏杆安装架子和阶条石安装架子、须弥座台基架子大致相同，也是双排架子，里排柱子距离台基上枋外皮 30 厘米，里、外排柱子之间间距 1 至 1.5 米；不过，里排柱子的高度应和台基上枋的上皮一致，外排柱子比里排柱子高 1.2 米；最上一步顺水在台基上枋上皮以下 15 厘米，即比里排柱子低 15 厘米，其他各步顺水依次下排，间距 1 米左右；排木码子里头距离台基外皮 10 厘米，脚手板要满铺，与墙面留有 10 厘米的空隙。

五、石料提升三木搭营造技艺

在台基营造中，石料的加工、运输、安装，都要解决如何提升的问题。搭材作搭设的三木搭，就是能在多种场合中方便使用的重物提升设施。

三木搭具体搭设方法，参照第二章三木搭打桩架子相关内容，如图 2.1-7 所示。

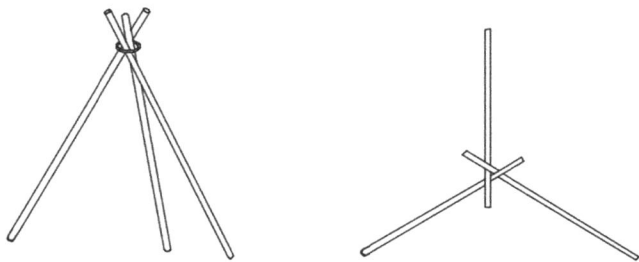

图 2.1-7　三木搭起重架

在架立起三木搭之前，一般都要先在三根圆木搭接处缠上索具，挂好滑轮或倒链；也可以立起三木搭以后再缠索具，挂滑轮或倒链。

为三木搭牢固起见，必要时还要在三根圆木之间加绑拉杆。这个拉杆还能当作挂、摘滑轮等的脚手杆；挪动三木搭时，用这个拉杆更能借上力。

六、石活安装马道架子营造技艺

石活安装，其中阶条石、石栏杆等，都需要从平地提升到安装位置。搭材作搭设的马道架子可以比较好地满足这些需要。

石活安装马道架子，一般都是和阶条石安装架子、须弥座台基架子、石栏杆安装架子连接在一起的。

比较省事的搭设方法，如图 2.1-8 所示，是预留或选择合适的进料口，垂直于大面架子，在需要安装石活的那步顺水下面，把两根"龙木"分别和外排柱子绑扎牢固。这个"龙木"就是马道架子承载重物的杆件。相对于大面架子，这两根龙木要绑在两根柱子的里侧。龙木上头的高度和龙木下脚的长度，大致比例是 1∶7。龙木中间加设立柱，间距在 1.5 米以内，立柱间加绑扫地杆。按大面架子每步顺水高度，绑扎马道架子顺水，并与大面架子连接牢固。龙木上绑排木，间距在 1 米以内；上面满铺脚手板。

再要求高一点的方法，如图 2.1-9 所示，就是龙木不能绑在需要安装石活的那步顺水下面，而是龙木的上头要和那步顺水一样高。这就需要单立两根柱子，即紧贴着预选进料口那两根柱子的外侧，再分别立两根柱子，并和原来的两根柱子绑在一起，龙木的上头和新立的柱子连接。

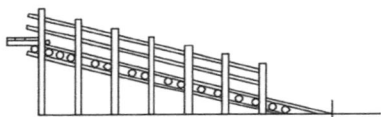

图 2.1-8　石活安装马道架子（1）　　图 2.1-9　石活安装马道架子（2）

如果条件允许，马道架子搭设在大面架子的角上，可以将石活不用转头直接上到一面架子上，石活安装就能更方便一些。

第二节　台基石料等重物配合营造技艺

传统建筑基础、台基、地面营造中，许多石料等重物的搬运、提升，都需要搭材作进行配合。搭材作台基重物配合营造技艺主要分为这样几个方面：

一、基础打桩配合营造技艺

（一）拴挂滑轮

1.两木搭打桩架子：

吊桩的滑轮可以用单滑轮，吊桩锤的滑轮根据桩锤重量，可以用双滑轮或三滑轮。一般都是用逮子绳缠绕在顶柁上，垂下两个绳套对齐，挂上滑轮的吊钩。

吊桩的滑轮直接穿一根拉桩绳索，绳索端头拴一个吊钩。

吊桩锤的滑轮使用双滑轮时，如图2.2-1所示，桩锤上绑一个单滑轮作为动滑轮。穿拉锤绳索时，先从两木搭顶部双滑轮的一个滑轮穿过，接着穿过桩锤的单滑轮，返上来，再从顶部双滑轮的另一个滑轮穿过。这时要注意，最好两次穿过顶部双滑轮的方向是相同的，以便于拉桩锤的人员能分散在两木搭的两侧拉绳索。

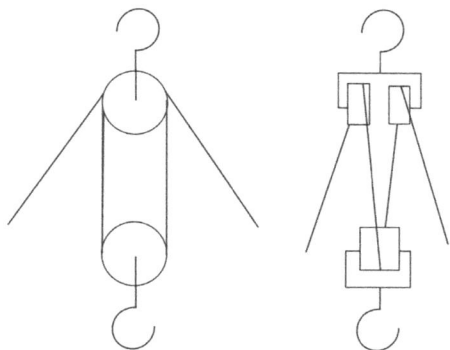

图2.2-1　打桩双滑轮拴挂

吊桩锤的滑轮使用三滑轮时，如图2.2-2所示，桩锤上绑一个双滑轮作为动滑轮。穿拉锤绳索时，先从两木搭顶部三滑轮边上的一个滑轮穿过，接着穿过桩锤的双滑轮中与三滑轮对应同边的滑轮，返上来，再从顶部三滑轮的中间的滑轮穿过，然后穿过桩锤的双滑轮中的另一个滑轮，返上来，最后从顶部三滑轮的另一个边上的滑轮穿过。这时要注意，三次穿过顶部三滑轮的方向都是相同的。同样，两次穿过桩锤双滑轮的方向也是相同的，只不过都要和穿过顶部三滑轮的方向相反。这样，拉桩锤的人员就能分散在两木搭的两侧拉绳索了。

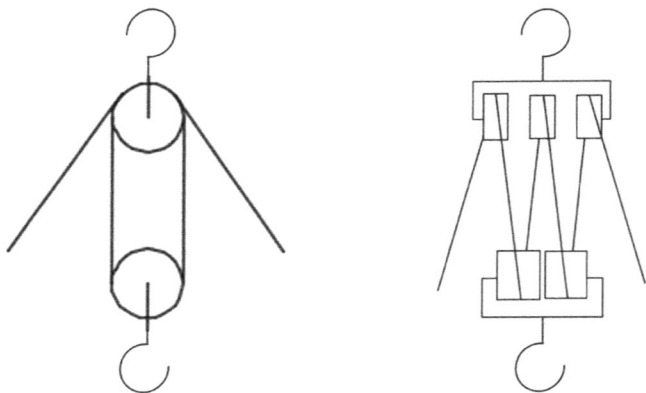

图 2.2-2　打桩三滑轮拴挂

桩锤上绑动滑轮，一般用滑轮吊钩直接挂桩锤吊环，用绳索绑好吊钩开口即可。

2. 三木搭打桩架子：

三木搭顶部绑滑轮，一般为双滑轮，用逮子绳在三木搭顶部缠绕，绳套从不同圆木间隙下垂对齐，挂上滑轮的吊钩。滑轮可在立起三木搭之前绑好。吊桩和桩锤都再共用一个单滑轮作为动滑轮，穿拉绳的方法和两木搭打桩架子双滑轮的一样。

（二）立桩

先把桩运到打桩架子的吊桩吊钩或滑轮垂直下方，如图 2.2-3 所示，在距桩顶部 1/5 桩长的位置拴逮子绳，即将逮子绳的一个绳套穿过另一个绳套并拽紧，接着套在吊钩上，然后用人力拉动拉桩绳索，把桩立起来。使用两木搭打桩架子时，可以直接用吊桩吊钩拴桩，即在距桩顶部 1/5 桩长的位置，以类似"背扣"的拴法，用吊钩带绳索在桩上绕一个圈，再钩住绳索。

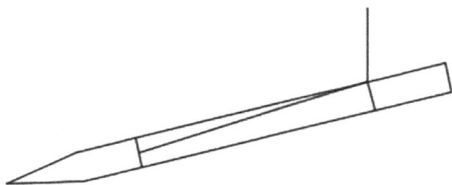

图 2.2-3 立桩拴绳示意图

根据需要，桩的上部和下部还可拴上拉绳，配合桩的起吊和就位。

桩吊起来后，用下部拉绳拉动、撬棍点拨或人力直接推拉等方法，将桩尖、桩帽对准桩位，然后慢慢落实。

接着，用上部拉绳拉动或者绑临时夹杆的方法，使桩处于垂直状态。夹杆可以绑在打桩架子的拉杆上，打几锤以后，桩站稳了，拉绳才能松动，夹杆才能拆除。

（三）绑桩锤滑道或锤套

桩锤滑道如图 2.2-4 所示，可以用金属或木料制成，安装时要紧贴着桩的一侧，用木杆连接滑道，并且和打桩架子的拉杆绑牢。

桩锤锤套如图 2.2-5 所示，内侧与桩之间塞好垫木，用绳索把锤套和桩绑结实。

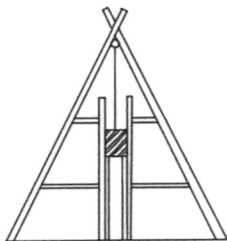

图 2.2-4　绑桩锤滑道

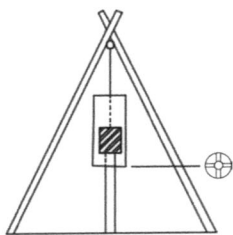

图 2.2-5　绑桩锤锤套

（四）挪打桩架子

打桩前，用撬棍撬动打桩架子下脚配合挪动顶部滑轮等方法，使桩锤对准桩位。

打完一组桩后，一般也采用以撬棍撬动等方法，把打桩架子整体移动到另一组桩位。首先沿着要移动的方向，在打桩架子每个下脚下面铺设脚手板。然后用撬棍撬动每个下脚，直到预定位置。有时移动时，为经过已经打好的桩，需要暂时拆除打桩架子的拉杆，过了桩以后，要马上绑好暂时拆除的拉杆，保持打桩架子的稳定。

二、石料等重物水平及斜坡搬运配合营造技艺

（一）上底托，走滚杠

重量比较大的重物一般采用这种方法，就是把重物放到底托上，然后在滚杠上滚动，把它搬运到预定的位置。

把重物放到底托上，可以如图 2.2-6 所示，用撬棍，或者用千斤顶；也可以如图 2.2-7 所示，用两木搭或三木搭。

图 2.2-6　用撬棍或千斤顶搬运

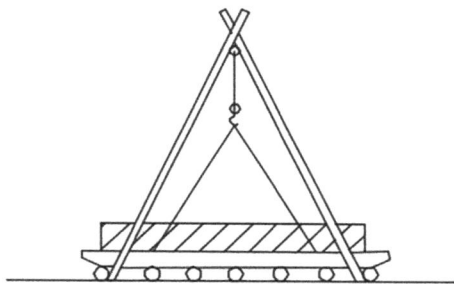

图 2.2-7　用两木搭或三木搭搬运

用撬棍时，先撬动重物，使它正对着底托预定前行的方向。然后，紧贴着重物前面摆放好底托，底托下放好滚杠和垫板，并在底托前面的滚杠前塞好楔子。接着，撬起重物，并及时在重物下加垫木、石、砖等临时支垫物，使重物下皮和底托上皮等高。这时，在重物前面两侧同时用撬棍利用支点撬起重物，在重物后面用撬棍前端支在地上推拨重物，使重物移动到底托上。也可以都在重物两侧，同时用撬棍利用支点撬起重物向前摆，使重物移动到底托上。重物到了底托上以后，要及时趁重物抬起的瞬间，从重物两侧，在重物和底托的缝隙间交替插入撬棍，利用撬棍接力的方法，向前摆、拨重物，使重物完全移动到底托上。

用两木搭或三木搭，相对比较方便。根据重物重量支搭两木搭或三木搭，选用合适的滑轮或倒链，以及相应的绞磨或卷扬机；在两木搭或三木搭顶部用逮子绳挂好滑轮或倒链，在两木搭或三木搭下脚用逮子绳拴好转向滑轮。吊起重物后，在重物下放置准备好的底托、滚杠和垫板，将重物落放在底托上。

用千斤顶时，重物下应有一定的空隙，而且千斤顶每次顶升高度有限，一般为 20 厘米或 50 厘米。所以，用起来比较麻烦，一般都在重物重量很大时使用。千斤顶下面要加垫板。将重物顶升到千斤顶额定高度后，如重物还不能到达预定高度，就要先在重物下垫好木、石、砖等支垫物，然后落下千斤顶，用垫板将千斤顶垫高后，再继续顶升重物直到预定的高度，并垫好支垫物。这时，可以在重物下面放置底托的底梁、横梁，以及滚杠、垫板；也可以紧贴重物前面放置底托、滚杠、垫板，使用撬棍将重物移动到底托上。此外，结合撬棍移动，还可以在重物前方埋或砸地锚，在地锚上绑倒链或绞磨、卷扬机，用逮子绳一端拢住重物穿过另一端绳套并搜紧，再把这端绳套套在前方的倒链或绞磨、卷扬机的吊钩上，拉动倒链或转动绞磨、卷扬机，使重物慢慢滑动到底托上。

重物在底托上依靠滚杠滚动进行位置的移动，关键是要解决动力和方向问题。

距离比较近或重物重量不是很大，可以主要用人力，或者使用撬棍，甚至直接用人推或拉。需要特别注意的是，尽量避开重物正面，尤其在重物前行方向上或上坡时的重物后方不能站人。

虽然距离较近，但重物重量很大，可以考虑用倒链拉。如果距离较远，就要考虑用绞磨或卷扬机拉。

这两种方式大都需要在重物前方设置地锚。地锚可以采用直径 10 厘米以上的圆木或直径 2 厘米以上的圆钢，地下埋设深度 1 米以上。如图 2.2-8 所示，圆木地锚应挖坑埋设，填土夯实；通常两根为一组，一根垂直，另一根与地面成 60 度夹角，下端朝向重物，上端与垂直的一根绑牢。如图 2.2-9 所示，圆钢地锚可以用大锤直接砸入地面。地锚设置好后，在地锚上用缠绕逮子绳或用绳索直接绑扎的方式绑挂倒链或滑轮的吊钩，用以牵引重物移动。

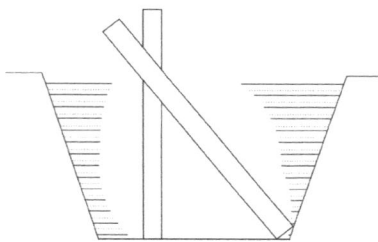

图 2.2-8　圆木地锚　　　　　　图 2.2-9　圆钢地锚

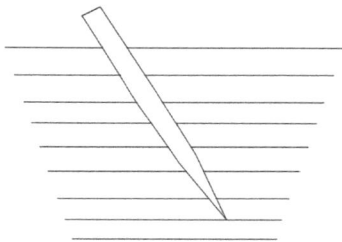

其他能够承受牵引拉力的物件，也可以用来作为绑挂倒链或导向滑轮挂钩的锚桩。根据重物前行方向的变化，应该设立与之适应的不同的导向锚桩。

除了倒链吊钩可以直接挂拉重物底托，绞磨、卷扬机的牵引绳索都要穿过导向滑轮，然后再用吊钩挂拉重物底托。根据重物重量，吊钩处还可以使用动滑轮，而且导向滑轮和动滑轮都可以不仅仅使用单滑轮。

一般都要在重物的底托上而不是重物上绑牵引绳。如图 2.2-10 所示，比较常见的是用逮子绳套住重物底托，再挂在吊钩上。

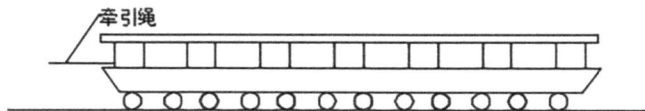

图 2.2-10　在重物底托上绑牵引绳

重物移动的方向要通过调整滚杠的方向来掌握。重物直行，如图2.2-11"直行"所示，滚杠要与前行方向垂直。重物左转，如图2.2-11"左行"所示，滚杠要向左偏，即左侧间隙缩小，右侧间隙加大。重物右转，如图2.2-11"右行"所示，滚杠要右偏，即右侧间隙缩小，左侧间隙加大。调整滚杠要用大锤和撬棍，打好提前量。同时，随着重物的移动调整垫板，防止重物倾斜失控。

直行　　　　　左行　　　　　右行

图2.2-11　调整滚杠掌握重物前行方向

重物移动上斜坡马道时，如图2.2-12所示，牵引拉力必须稳，不能停。在重物移动方向后方的滚杠后面，必须及时放置备用木制或钢制楔子，防止意外滑坡。重物移动到马道尽端即将进入平面移动时，如图2.2-12所示，应采用放缓牵拉速度及下拽在底托后部预先绑好的拉绳等方法，使上翘的底托前部缓缓下落到事先铺好的滚杠上。

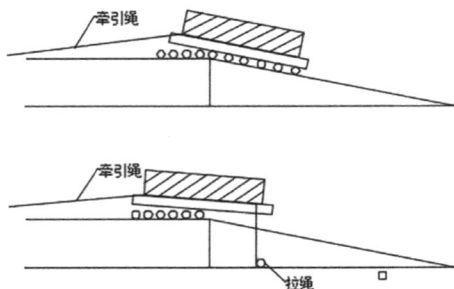

图2.2-12　上马道末端进入平面

重物移动遇下坡时，放缓牵拉速度甚至暂停牵拉，同时必须利用底托后部预先绑好的拉绳，在同样预先设置在底托的移动方向后方的锚桩上缠绕三圈以上，由专人拉住绳端，或连接在绞磨、卷扬机上，随重物下行缓缓放绳。

重物暂停移动时，必须在移动方向前方的滚杠前面以及移动方向后方的滚杠后面放置楔子，防止重物失控位移。整个移动过程中，须在重物移动的侧方进行操作；重物的正前方、正后方根据重物移动具体情况设定危险距离，禁止任何人进入。

（二）上压杆，走小车

一般重量的重物可以采用这个方法，就是用压杆的原理，把重物挂在专门制作的运输车上，比较便捷地推着车走，把重物运到预定的地点。

运输车可以用钢材或木材制作。如图 2.2–13 所示，在"门"状的车架两条"腿"上分别安装车轮；车架高 1 米左右，宽 1.5 米到 2 米，纵深方向车架在车轮轴前、后的长度均为 1.5 米左右。为搬运重物，在车架上正中纵深方向绑上一根杉篙或其他圆木当作压杆，压杆的后端要长出车架 2 米以上。

搬运重物时，根据重物长度，在车架前部、后部相应的左右两侧分别绑好挂钩；然后，在重物下面前后端各穿过一根逮子绳；接着，抬起车架压杆的后端，将重物前端逮子绳的两个绳套分别挂在车架前部的两个挂钩上；再压下车架压杆的后端，带起重物的前端，将重物后端那根逮子绳的两个绳套分别挂在车架后部的两个挂钩上；这时，端平车架压杆，重物整体离开地面，悬挂在车架上。

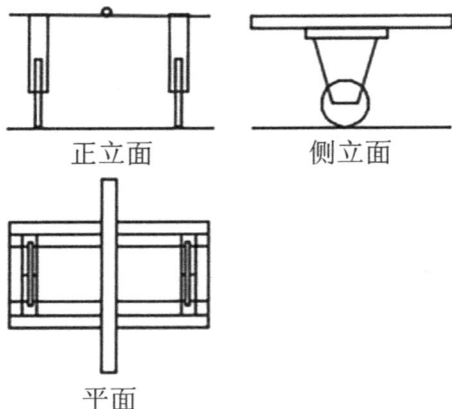

正立面　　　　　　　侧立面

平面

图 2.2-13　压杆车示意图

推动运输车时，由专人掌握压杆，负责行进方向，再由其他人在车架两侧负责推车。

遇到上坡或马道时，一方面加大力量推车，另一方面在车轮后面随时备好垫块，防备溜坡时"打眼"。

到达预定地点后，压下车架压杆的后端，使重物后端缓缓地落在垫木上，再摘下重物后端的逮子绳。然后，慢慢抬起车架压杆的后端，使重物前端缓缓地落在垫木上，再摘下重物前端的逮子绳。最后，从放好的重物上撤出运输车。

穿挂逮子绳时，一定要保护好重物。在重物棱角及易磨损的表面，都要包、垫好垫木等隔离物品。

三、石料等重物安装配合营造技艺

将石料等重物运到预定地点的架子上以后，先要用撬棍撬动等方法，在架子上把重物调整到正对着将要安装的位置，重物下面相对安装位置铺设滚杠或垫板、垫木。原重物下有底托的，在调整过程中可以将底托去掉，即以用撬棍在重物两侧接力撬动的方法，将重物挪到底托前面铺设的滚杠或垫板、垫木上，再调整到正对着将要安装的位置。

这时，用撬棍撬动重物，使重物平移到安装位置。在平移过程中，必要时可以在安装位置两头铺设临时垫板、垫木，等重物完全平移到位后，再用撬棍撬起重物，撤出垫板、垫木。

此外，配合石料等重物的安装，还可以采用两木搭或三木搭，即在预定安装位置的脚手架上搭设可以移动的两木搭或三木搭。一般为方便起见，两木搭或三木搭顶挂倒链。如果挂滑轮，用绞磨、卷扬机牵引，就必须设好转向滑轮。

重物运到预定地点的架子上以后，调整到正对着将要安装的位置，有底托的也不用去掉底托，重物下面在两头铺好垫板、垫木。接着，将两木搭或三木搭移到将要安装重物的位置，下脚在架子和台基上支结实，两木搭或三木搭的吊钩最好位于将要安装重物位置的中点的正上方。然后，用两根逮子绳分别挂住亘物的两端，再把逮子绳的绳套挂在吊钩上。吊起重物的速度不能快，随着重物提升，及时用撬棍配合撬动，使重物平稳地沿着垫板、垫木滑向安装位置上方。安装位置两端根据需要可以铺设垫板、垫木。对准位置后，重物缓缓下落到位。最后，用撬棍撬动协助撤出逮子绳及垫板、垫木。

在安装石栏杆等重物时，三木搭显得更为适用。

第三章　传统建筑构架安装
搭材作营造技艺

　　传统建筑，特别是大型、官式建筑构架安装，就是一系列大木构件的安装，包括各种柱子、梁、檩、枋、垫板、椽、望等的安装。搭材作要结合建筑构架的不同类型，为构架安装搭设适用的架子，并且配合大木等重物的搬运和提升，在许多情况下还要直接参与一些大木的安装。

第一节　构架安装架子营造技艺

　　为传统建筑构架安装搭设适用架子的营造技艺主要包括以下几种。

一、下架安装架子营造技艺

　　下架安装架子，如图 3.1–1、图 3.1–2 所示，主要是指檐柱、金柱及其相关枋类构件的安装架子。

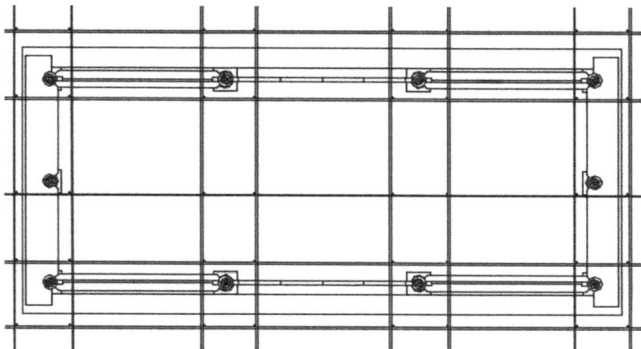

图 3.1-1 大木安装围撑架子 平面

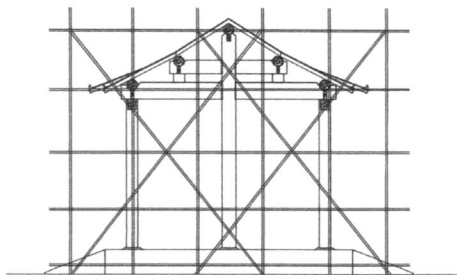

图 3.1-2 大木安装围撑架子 山面

下架安装架子的作用，主要就是在柱类与枋类构件安装、连接时提供适合的脚手空间。

下架安装架子的一般要求：

考虑到构架各构件安装的顺序及相关需要，架子首先要保证金柱及其相关枋类的安装，继而保证檐柱及其相关枋类的安装。因此，在柱、枋类构件安装的节点，即金柱、檐柱的柱头四面应铺有脚手板；同样，在枋类构件两面也应铺有脚手板。

下架安装架子的高度：铺好脚手板后应距相关枋类构件下皮

30—50 厘米。

下架安装架子的立柱位置：无论进深方向或面阔方向，一般均应距相关柱类构件柱中 1 米左右。

搭设架子前，先确定立柱的位置和顺水的高度。

根据金柱、檐柱的位置确定与之临近的架子立柱的位置；架子其余的立柱顺序排开，间距应在 2 米以内，进深方向柱子位置一般在对应的两条檩之间。立柱的位置可以在地面做好标记，或标注在专用丈杆上。

根据金柱、檐柱相应枋类构件的高度确定顺水的高度；一般面阔面顺水在下，进深面顺水在上。考虑铺脚手板，进深方向最上一步顺水上皮应距金柱、檐柱相应枋类构件下皮 35—55 厘米。其余顺水顺序排开，间距在 1.5—1.7 米以内。顺水高度可标注在专用丈杆上。

搭设架子时，先搭设金柱系列架子。按照标注的立柱位置，从面阔方向进深面金柱外侧的一排架子搭起，用挖柱坑或临时三脚支戗的方式固定住一头的立柱；再按标注的顺水高度，在一根顺水的长度内，用绑顺水的方式连接预定位置的另一根柱子，并将这根柱子用挖柱坑或双向支戗的方式临时固定；然后绑好上一道顺水，再绑这两根柱子之间的其他柱子；接着用这种方法绑好这排架子的其他立柱和顺水。之后，转过去绑进深方向面阔面最外侧的一排架子；再转过去绑面阔方向另一面进深面金柱外侧的一排架子；再转过去绑进深方向另一面面阔面最外侧的一排架子。四围架子绑完后，应随即绑好各面的抱角戗。随后，按预定位置，绑四围架子以内的各排架子，并且，面阔面金柱靠中的各排进深方向架子还要绑好开口戗。脚手板可根据安装需要随时铺设，也可一次性铺好，排木的间距应在 1.5 米以内。当然，也要根据要求绑好护身栏。有时在金柱安装过程中，为安装方便，还要临时拆除面阔方向进深面金柱外侧一排架子下面的几步顺水；金柱安装完毕，再视情况恢复。

金柱系列下架安装完成后，搭设檐柱系列架子。按照标注的立柱位置，先搭面阔方向进深面檐柱外侧的一排架子。根据预定的高度，用绑顺水的方式，从金柱系列架子连接檐柱系列架子一头的立柱，用挖柱坑或双向支戗固定，再按金柱系列四围架子的搭设方法，顺序绑好其余的顺水和立柱。架子搭完后，要及时绑好大面抱角戗。脚手板的铺设与金柱系列架子相同。有时在檐柱安装过程中，也要为安装方便，临时拆除进深面檐柱外侧一排架子下面的几步顺水；檐柱安装完毕，再视情况恢复。

二、上架安装架子营造技艺

上架安装架子，主要是指梁、檩及其椽、望等构件的安装架子。

上架安装架子的作用，主要就是在梁、檩、椽、望等构件安装时提供适合的脚手空间。

上架安装架子的一般要求：

上架安装架子首先要保证梁、檩类构件的安装，然后是保证椽、望类构件的安装。因此，在顺着拟安装梁、檩类构件的两面应铺有脚手板。同样，如图 3.1–3 所示，在拟安装椽、望类构件的建筑物檐头外面也应铺有脚手板。

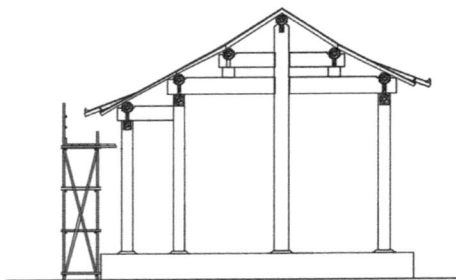

图 3.1-3　双排椽、望架子

上架安装架子的高度：铺好脚手板后，梁、檩安装架子应距相关梁、檩等构件下皮 30—50 厘米；椽、望安装架子应距檐头椽、望下皮 1 米以内，距大额枋上皮 15 厘米左右，即铺脚手板的排木可直接搭在大额枋上。

上架安装架子的立柱位置：因为一般情况下，上架安装架子是在下架安装架子的基础上搭设，所以，梁、檩安装架子，尽量利用下架安装架子的相应立柱向上加高即可，一般均应距相关梁、檩类构件 1 米左右。椽、望安装架子，外排可以沿着相应下架安装架子向外延伸至建筑物檐头外面 1—1.5 米左右，当然更好的方案是综合考虑屋面齐檐架子的需要给予确定；里排一般可以利用下架安装架子檐柱外排的架子，如挑檐较大，则综合考虑屋面齐檐架子的需要，在距檐头不小于 30 厘米的位置再另设一排架子。

安装最下一架梁。在随梁枋高度不大的情况下可以利用下架安装架子，但如果随梁枋高度较大，或者最下一架梁高度较大时，就要专门搭设架子，也就是说，要在梁的两外侧分别搭设安装架子。这时，在距梁两外侧 30 厘米处分别竖起梁安装架子的里排立柱，在距梁两外侧 1 米处分别竖起梁安装架子的外排立柱，间距与下架安装架子相应立柱一致。

再安装上面几架梁。架子搭设延续最下一架梁的方式，即：直接利用下架安装架子的，以及专门搭设梁安装架子的，都分别在各自架子基础上向上搭设。直接利用下架安装架子的，上边面阔方向的各步顺水，一般都要从各架梁的上边穿过。专门搭设梁安装架子的，则在建筑物内的各个开间中自成体系，反而更加不受梁上配件位置的影响。

第二节　构架安装配合营造技艺

构架安装配合营造技艺主要目的就是配合木作匠人完成构架安装，重点解决超重、超长、超大构件的运输、提升和就位问题。

一、构件运输配合营造技艺

构件运输可以采用上底托、走滚杠的方法。

上底托。底托与构件同方向放置，底托与构件之间铺设斜面垫木。圆柱形构件用若干条绳索在构件上几个位置拴背扣，绳结留在构件背着底托的一面并尽量贴近地面，绳头甩向底托一面；上底托时，拉动绳索使构件向底托方向滚动，同时用撬棍在构件背着底托的一面撬动，使构件顺利上到底托上。矩形构件一般可以直接用撬棍撬动，使构件上到底托上。构件上底托后，及时在构件两侧塞好木楔，并用绳索将构件与底托绑牢。

走滚杠。滚杠要事先在底托下放好；滚杠下，顺构件前进方向铺好垫板。运输柱类构件，柱头一般都要朝前；运输其他构件，也要考虑到将先提升的一头朝前。底托在滚杠上行走，可以使用绞磨等设备牵引，也可以用撬棍在底托后面撬动。要设专人按照行进路线及时铺好垫板；设专人及时码放滚杠，并用大锤等工具调整滚杠角度，以保证底托行进方向。行进时遇上坡，底托后面不得站人，滚杠后面要用木楔打"掩儿"；行进时遇下坡，底托前面不得站人，底托后面拴绳索，在牢固锚桩上缠绕几圈，由专人负责随底托行进缓缓放绳，保证行进安全。

构件运输还可以采用上压杆、走小车等方法。

上压杆，指使用专门制作的压杆车运构件。压杆车用钢铁或木料制成，车架根据构件运输的需要高于车轮的轴心，并在车架上设置一根长木或长钢管充当压杆。运输构件时，将压杆车顺着置于构件上面，先抬起压杆，将车架的一头紧贴构件预计先提升的一头，用逮子绳或其他绳索紧密连接在一起；然后，向下压住压杆，将车架另一头紧贴构件，同样用逮子绳或其他绳索紧密连接在一起；这样，构件悬挂在车架下面，便于运输。构件过长时，可以用两辆压杆车，分别在构件两头同时进行同样的操作，使构件悬挂在两辆压杆车的车架下，同时用两辆压杆车运输构件。

走小车，就是推动压杆车，将构件运到大木安装的指定地点。行进时，由专人掌握压杆车的压杆，控制好行进方向。压杆车两侧若干人负责推动压杆车，控制好行进速度。任何人都不能将手脚置于构件下方，以确保运输安全。

二、构件提升配合营造技艺

（一）构件提升，需要做好必要的准备工作。

首先，根据不同构件的安装位置和提升高度，在已搭好的下架及上架安装架子相应部位进行加固，使它成为构件提升架子，并挂好滑轮、倒链等设备。一般柱类安装，滑轮、倒链等设备应挂在柱头拟安装位置上方 1 米以上位置。枋类安装，可就近利用柱类安装的滑轮、倒链等设备；还可根据需要，将滑轮、倒链等设备挂在枋类构件拟安装位置居中上方 1 米以上位置。梁、檩类安装，应选择在安装架子的空当，将滑轮、倒链等设备挂在梁、檩类构件拟安装位置居中上方 1 米以上位置。

其次，固定好必要的转向滑轮，安装好绞磨等设备，将绳索穿过滑轮，连接在绞磨等设备上。

然后，将构件拟先提升的一头置于挂好的滑轮、倒链下方，在构件上拴好逮子绳，或者直接用提升绳索拴好扣。一般逮子绳拴在构件总长 1/6 位置。绳索拴扣，一般用倒背扣。用专门绳索拴扣，也可以用油瓶扣。倒背扣的上扣和油瓶扣，一般也拴在构件总长 1/6 位置。

再有，通常在构件提升靠上部位预先拴好若干根牵引绳，以备提升时使用，便于控制构件提升状态。

另外，根据不同构件的提升路线，在保证安装架子安全的前提下，对可能影响构件正常提升的架子个别杆件进行必要的临时拆改。

（二）构件提升，需要特别注意以下几个方面。

首先，整个提升过程要有专人指挥，做到令行禁止。

其次，要有专人负责提升绳索的运行，即拉拽绳索或者操作绞磨等设备，做到匀速提升，特别在提升到关键节点时，必须按指挥要求掌握轻重缓急，使绳索运行恰到好处。

然后，要有专人掌握构件提升状态，用控制拴在提升构件上的牵引绳等方法，保证构件垂直运行，避免和安装架子发生碰撞。

再有，要有专人用撬棍等工具撬动构件提升过程中暂未离开地面的部分，随提升过程及时跟进调整构件，以减少提升阻力，使提升构件的绳索尽量保持垂直。

最重要的，任何人不得进入构件下方，确保提升安全。

三、构件就位配合营造技艺

（一）构件就位，要在木作匠人统筹安排下进行。

（二）柱类构件就位。在构件提升到大致位置时，利用撬棍等工具拨动柱脚，使柱脚按线对好位，再缓缓放松提升绳索，让柱脚落在预定位置；利用拉动牵引绳或在柱类构件上部拴临时拉杆等方法使其吊线调直，并用与安装架子连接或支戗等方法进行临时固定。

（三）连接柱类构件的枋类构件就位。借助提升绳索的拉力，使枋类构件微微悬在柱类构件上方，利用人工推拉或撬棍等工具撬拨，使枋类构件对准预先放好的线，稳稳下落在预定位置。

（四）下架构件安装校验调整、支戗加固。按木作匠人的要求，利用撬棍等工具，使柱脚四面的线完全对正。然后，从面阔、进深两个方向分别为柱类构件绑好龙门戗和迎门戗，也就是使木杆与柱类构件成 60 度角，木杆的上头用打撅的方式绑在柱头上，根据木作匠人吊线情况移动木杆下脚，柱类构件两面调直后，再由木作匠人将木杆下脚固定。

（五）下架构件安装整体加固。下架构件全部安装调整完成后，有时还需要进行整体加固，即从面阔和进深两个方向用横木杆将立好的柱类构件牢牢地连接在一起。一般 1.5—2 米间距绑一道横木夹杆，即横木杆对应绑在柱类构件两侧，横木杆与柱类构件连接处都要用扎缚绳打好撅。为增强整体性，横木杆之间还要用立木杆连接起来，立木杆间距在 2 米左右。更重要的是必须打好支戗，即面阔和进深两个方向的龙门戗和迎门戗，大面外围必须打，柱径大于 60 厘米的纵横每排都要打。

（六）梁、檩等构件就位。利用提升绳索的拉力，使构件与拟安装位置留有一定的余量，用撬棍等工具进行调整，待对好线后，准确下落在预定位置。

第三节　构架安装打牮拨正配合营造技艺

构架安装打牮拨正，一般意义上应该属于建筑物维修范围，当然，不排除安装过程中也会产生打牮拨正的需要。不论从哪个方面讲，打牮拨正都是搭材作的一项重要营造技艺。

建筑物构架的立柱、枋、梁等构件发生位移、下沉、损坏、偏斜等情况，必须予以纠正、替换、恢复原状，而在不对建筑物构架进行大规模改动的情况下，仅仅针对发生位移、下沉、损坏、偏斜等情况的个别构件进行纠正、替换、恢复原状，这就需要打牮拨正的技艺。

一、位移构件打牮拨正营造技艺

位移，这里指的主要是立柱的水平位移。这种状况表现为立柱的下脚移出了应在的位置。这时，要根据木作匠人在柱顶石和立柱上画好的线，将立柱移回原位。具体的几种做法为：

（一）平面牵引。如图 3.3-1 所示，在立柱应移回方向锚固好绞磨、倒链或转向滑轮，将绳索从绞磨、倒链或转向滑轮连到拟牵引的立柱，并且在立柱下脚用八字扣或鲁班扣绑牢，也可以将绳索与预先拴牢在立柱下脚的逮子绳用挂钩连好。然后，利用绞磨、倒链等缓慢地拉动绳索，牵引立柱移回应在位置。

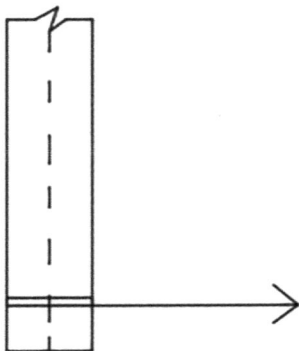

图 3.3-1　平面牵引

（二）平面撬拨。如图 3.3-2 所示，在立柱应移回方向的背面用撬棍撬动立柱，即在距立柱 10 厘米距离内放好垫木，使用撬棍以此作为支点，撬动立柱移回原来位置。如需拨动力度较大，而场地情况又允许，可使用较粗大的木杆，与立柱应移回方向成小于 90 度角平放在地面上，木杆头略长过立柱下脚并紧紧贴住立柱下脚，在木杆头另一面设置锚桩作为支点，由若干人将木杆另一头抬至腰间，推动木杆撬动立柱移回原来位置。

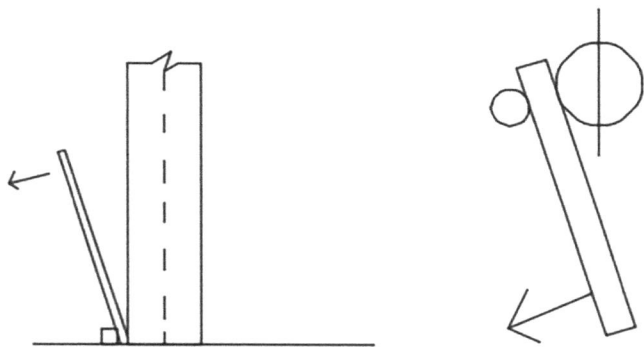

图 3.3-2　平面撬拨

（三）立体辅助。如图 3.3-3 所示，当立柱过大、负荷过重，平面牵引、撬拨的方法显然难以胜任，就需要从立体方面考虑，采取适当的辅助措施，为立柱减负。也就是说，将立柱顶部的梁、枋支顶起来，使立柱更加容易移动。这时，在不影响立柱位移的情况下，在距立柱尽量近的位置顶紧梁、枋下皮竖立华杆，还要把卧杆的头部放在华杆下面，并放好卧杆的枕木作为撬动华杆的支点。接着，临近华杆 20 厘米竖立顶杆，顶杆头紧顶梁、枋，顶杆脚下面备好抄手木楔。顶杆脚和卧杆枕木下的地面必须坚实并垫好垫木。然后，由若干人压动卧杆，撬起华杆，顶起梁、枋，同时，跟紧木楔，使梁、枋的负荷转移到顶杆上。这样，平面牵引、撬拨立柱就会容易得多了。需要注意的是，牮杆、顶杆、卧杆必须根据实际情况选用较为粗实的圆木。

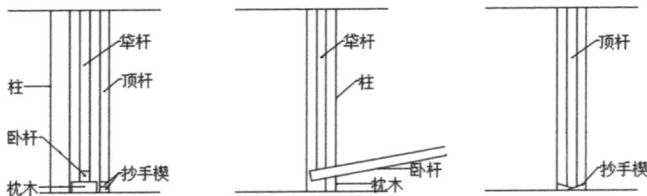

图 3.3-3　立体辅助

二、下沉、损坏构件打牮拨正营造技艺

构件下沉是由多方面原因造成的。立柱下沉可能是因为柱顶石或地基下沉，而梁、枋下沉则可能是因为立柱下沉或瓜柱等构件损坏。另外，建筑物立柱也常被发现损坏，需要及时修补、更换。因此，根据木作匠人在相应构件上画好的线，采取以下几种做法，将下沉构件提升到原来位置，使损坏构件得以更换。

（一）直接立体支顶。如图 3.3-4 所示，对于立柱损坏、下沉以及由此造成的相关梁、枋等构件下沉，一般也是采用位移构件打牮拨正立体辅助的做法，由卧杆撬动牮杆，支顶起相关梁、枋，再由顶杆进行固定支撑。考虑到立柱修复的需要，支顶梁、枋等构件，要略高于应有的高度；另外，修复下沉及损坏构件可能需要较长时间，所以必须对顶杆加固，确保万无一失。一是顶杆可用更为粗实的木料，或者干脆用两根顶杆，并且将顶杆下的抄手木楔塞实；二是给顶杆打好三脚支戗或做其他稳固连接。立柱修复完毕，再缓缓撬牮杆，松动抄手木楔，然后缓缓落牮杆，随即慢慢撤出顶杆木楔，使梁、枋等构件平稳落在修复好的立柱上面，最后撤掉顶杆和牮杆。

图 3.3-4　直接立体支顶

（二）两侧立体支顶。如图 3.3-5 所示，对于构架上面几道梁等构件的下沉，因为无法在它们下皮直接支顶，所以，就要在需支顶的梁等构件下皮横向放置一段方木，方木两端分别长出构件外皮 50 厘米以上，再在方木两端下皮分别竖立牮杆，从梁等构件两侧进行支顶。支顶到位后，在构件下皮与下一道梁等构件上皮之间加垫木作为顶杆，并塞实抄手木楔。待修复好损坏构件后，再缓缓翘起牮杆，松动木楔，再落牮杆，撤木楔，使支顶起来的构件平稳落位，最后撤掉顶杆和牮杆。

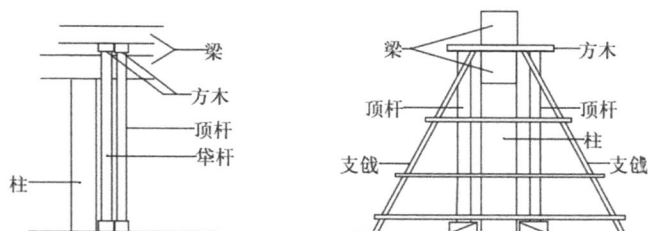

图 3.3-5　两侧立体支顶

（三）承重架子立体支顶。如图 3.3-6 所示，如果直接或两侧立体支顶的构件位置比较高，这样，牮杆、顶杆也都要比较长，在支顶时杆的中部容易发软，并且也不太容易操作。因此，一般在这种情况下，先在拟支顶构件下方支搭承重架子，再在承重架子上进行支顶。这样，牮杆、顶杆都可以比较短，甚至可以省略而直接用卧杆撬、用木方垫，操作起来也就相对容易一些。承重架子操作面最起码应不小于 2 米见方。如果考虑在操作面进行卧杆操作，操作面长度应不小于 6 米；如不在操作面进行卧杆操作，可在卧杆加力一端绑牢绳索，垂向下方，由人拉拽或用绞磨拉拽。承重架子操作面铺设脚手板的高度，应距拟支顶构件下皮0.3—0.5 米左右，以此确定操作面顺水的高度。承重架子立杆间距在 1 米以内，横杆间距在 1.5 米以内，四面剪刀戗一打到顶。承重架子操作面内立杆与顺水上皮齐头，预设的卧杆枕木及顶杆下方都要有相应立杆作为支撑。

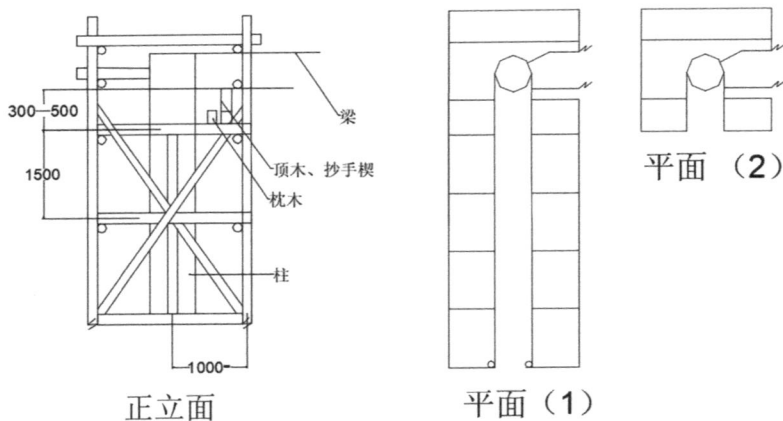

图 3.3-6　承重架子立体支顶

（四）下沉、损坏立柱修复配合。如图 3.3-7 所示，支顶下沉、损坏立柱相应的构件，对下沉、损坏立柱必须采取有效的保护措施。采用承重架子立体支顶的，可利用承重架子绑拉杆，与下沉、损坏立柱连接在一起。没有采用承重架子的，可围绕柱中搭设 2 米见方的架子，架子搭设要求与承重架子基本相同，可采用绑拉杆的方法与下沉、损坏立柱连接在一起。

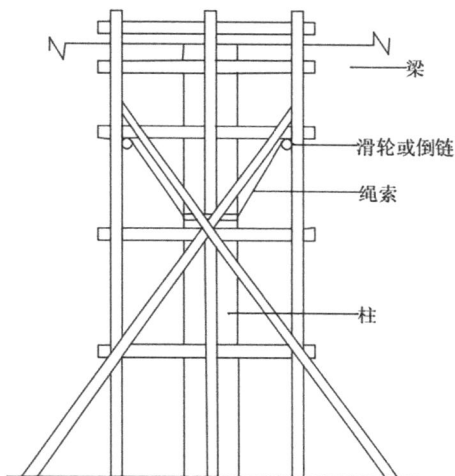

图 3.3–7　立柱修复配合

相应的构件支顶起来以后，在围绕立柱的脚手架最上一步顺水上挂好倒链或滑轮，拉升的绳索连接倒链或穿过滑轮与绞磨等连接。顺水最好是双顺水，倒链或滑轮最好分别挂在立柱的两侧。在立柱上部 1/3—1/4 处对应倒链或滑轮拴好逮子绳或绳索，绳索应用八字扣。利用绞磨或倒链的拉力将立柱拉升起来，再对下沉或损坏立柱分别采取不同的措施。下沉立柱，可挪动下脚离开柱顶石，暂时落在不影响柱顶石等修复的位置，待修复后重新归位。损坏立柱，可利用撬棍撬动或绳索拉动等方法挪动立柱下脚，同时缓缓放松拉升的倒链或绳索，使损坏立柱从原位撤出。这个过程中，如有个别脚手架顺水影响立柱撤出，在确保安全的前提下，可以临时改动。然后，再将替换立柱的柱头向前，在立柱上部 1/3—1/4 处拴好逮子绳或绳索，与脚手架上面的倒链或绞磨连接，利用倒链或绞磨拉力，将立柱拉升到应在位置。拉升时，用撬棍协助跟着撬动立柱下脚，尽量减少拉升阻力，保持拉升的绳索垂直。拉升至预定高度后，缓缓放松拉升的倒链或绳索，使立柱下脚落在应在位置，再将立柱调正，用拉杆与脚手架固定。

三、偏斜构件打牮拨正营造技艺

偏斜，主要是指建筑物的立柱发生偏斜。针对不同情况，根据木作匠人的画线，可以采用这样几种做法纠正构件的偏斜。

（一）单根立柱偏斜。如图 3.3–8 所示，这是指和建筑物面阔或进深同一排其他立柱没有联系的那种立柱偏斜。围绕立柱柱中 1 米四面支搭脚手架，最上层铺好脚手板距立柱顶部 1.5 米左右，以利于操作。脚手架四面要打好剪刀戗，顺水间距 1.7 米左右。由于单根立柱偏斜往往是偏向建筑物的外侧，所以，一般采用拉动绳索的方法予以纠正。在偏斜立柱的顶部拴牢逮子绳并用挂钩与绳索连接，或直接用八字扣绑好绳索的端头，再将绳索与固定于应就位方向建筑物内地面的绞磨、倒链、转向滑轮等连接。绞磨、倒链、转向滑轮等与立柱的距离最好大于 2 个立柱的高度。当绳索在绞磨、倒链等作用力之下将偏斜的立柱缓缓拉正之后，要立即在立柱上绑好支戗，并由木作匠人对立柱相关节点做进一步的处理。

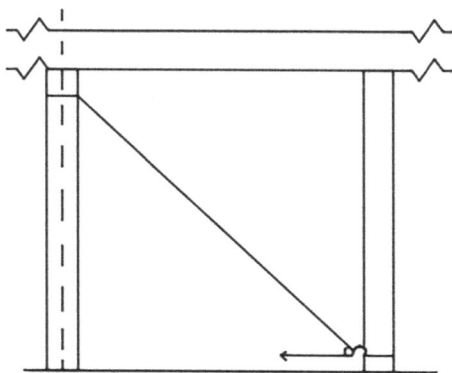

图 3.3-8　单根立柱偏斜

（二）两根及以上立柱同顺向偏斜。如图 3.3-9 所示，这是指建筑物面阔或进深同一排的两根及以上立柱顺向同一个方向发生的偏斜。这种情况需要统一搭设脚手架，也就是说，不仅每根偏斜柱子距柱中 1 米的四面都要有架子并铺好脚手板，而且，还要将这些架子连为整体，形成连在一起的操作面。架子的纵向两面立杆间距 2 米以内，各打好开口戗，横向两面各打好剪刀戗。如立柱偏斜程度不大，一般只需要考虑拉动偏斜方向最外侧的那根立柱，以此带动整排偏斜的立柱。但是假如立柱偏斜程度绞大，或者只拉最外侧立柱还不能带动整排偏斜的立柱，那么，就要拉动更多的甚至全部的立柱。如果建筑物地面空间有限，不能满足拉动靠偏斜方向里侧立柱时固定绞磨、倒链、转向滑轮等的需要，那么，可以考虑加大最外侧立柱的绳索拉动力度，或者采用两根绳索即两套绞磨、倒链等共同拉动。另外，还可以采用支牮杆的方法来纠正偏斜：用粗实圆木作为牮杆和撬杆，将牮杆顶部斜着顶住立柱偏斜一侧的顶部，用扒锔及木楔固定；用撬杆撬动牮杆下脚，使偏斜的立柱得以纠正。立柱偏斜得以纠正后，立即打好支戗固定。

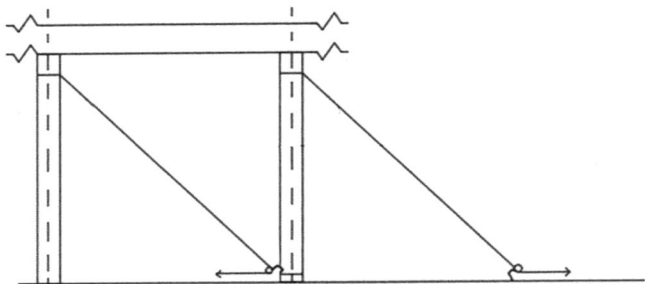

图 3.3-9　两根及以上立柱同顺向偏斜

（三）两根及以上立柱彼此反向偏斜。如图 3.3-10 所示，这是指建筑物面阔或进深同一排两根及以上立柱彼此朝反方向发生的偏斜。这种情况脚手架搭设和两根及以上立柱同顺向偏斜的脚手架相同。立柱偏斜不大时，仅拉动分别处于反方向偏斜最外侧的两根立柱；如偏斜过大，或者仅拉动两根立柱还不能达到纠正偏斜的目的，就要再多拉动其他的偏斜立柱，也可以采用加大拉动力度或支牮杆的方法。如只是相邻两根立柱反向偏斜，并且偏斜幅度不大，也可以采用在一根立柱顶部绑好绳索端头，使绳索穿过在另一根立柱顶部绑好的滑轮，再连到固定在第一根立柱下脚的倒链或绞磨滑轮，通过倒链或绞磨的拉力，使两根立柱顶部相向而行，纠正偏斜。立柱偏斜纠正后，也要及时打好支戗固定。

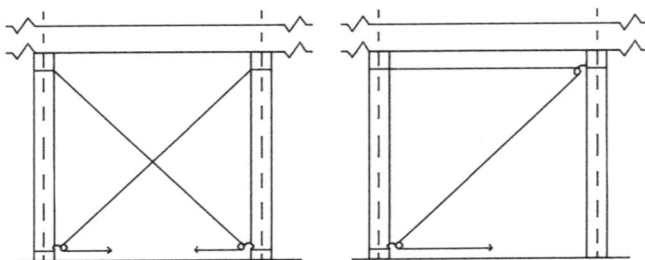

图 3.3-10　两根及以上立柱彼此反向偏斜

第四章 传统建筑砌体搭材作营造技艺

传统建筑砌体，主要指建筑物各种墙体的砌筑及抹灰、粉刷等。传统建筑，特别是大型、官式建筑包含庑殿、歇山、硬山、悬山等形式，各个单体建筑又有外墙、内墙，外墙又分檐墙、山墙等，此外还有围墙、影壁、城台等。搭材作必须满足所有这些需要，提供砌体脚手空间以及材料提升架子。

第一节 单排架子营造技艺

单排架子是比较常用的一种砌体架子，一般外墙、内墙以及围墙、城台等都可以采用，如图 4.1-1 所示。

砌筑用的单排架子立杆间距 1.5 米，顺水间距 1.2 米，排木间距 1 米；抹灰、粉刷用的单排架子立杆间距在 2 米以内，顺水间距 1.7 米，排木间距在 1.5 米以内；排木搭入墙体不得小于 15 厘米。每面架子大面两头要打抱角戗，中间要打碰头戗；而且每隔 10 米左右，为防止架子外倾，还要对着相应立杆打进深戗；进深戗和立杆之间还要绑拉杆，与顺水同步。

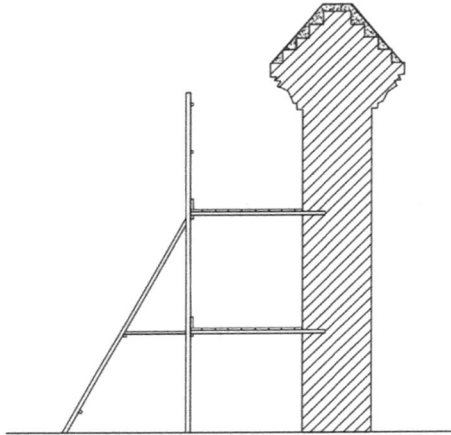

图 4.1-1　砌墙单排架子

要根据实际需要确定架子立杆的总高度，即以最上一步铺设脚手板的高度再加上 1.5 米绑护身栏所需要的高度，以此选择适当的木杆做立杆。如果一根木杆的高度不够，还要考虑接杆子。接杆子时，两根木杆搭接长度不少于两步顺水之间的高度，相邻立杆搭接应最少错开一步顺水的高度，最上一根立杆要大头向上，所有立杆上端应在一条水平线上。

绑扎顺水杆，建筑物面阔一面在下，进深一面在上。相邻两步顺水绑扎时木杆大小头朝向应相反。顺水杆搭接长度不少于两根立杆之间的长度，相邻两步顺水搭接应最少错开一根立杆。

排木必须在顺水上绑牢，脚手板铺严，与墙体间隙在 10 厘米以内。

搭设架子之前，经丈量计算，将立杆间距及顺水高度标记在丈杆上，在现场标出立杆的位置，然后用挖坑或临时三木搭支撑等方法立起立杆。立杆应从角上的一根开始立，都要间距一致，每面的立杆一一对齐，保持顺直，绝不能七扭八歪，里出外进。

立起立杆时随绑顺水，用这种方法及时稳固刚立好的立杆。顺水绑在立杆里侧，即靠近砌体一侧。一般绑了一步顺水就应该临时压上支戗，包括大面架子的角戗和进深戗。

绑了两步顺水后，可以开始打正式戗。按照预定的位置，先打大面抱角的开口戗及中间的碰头戗，绑好戗下脚的那根木杆；进深戗视情况而定，如高度不够打不了正式的，也要在二步顺水以上先绑好一根临时的，以保证架子稳定。架子绑到预定高度后，四面打好开口戗和碰头戗，打好进深戗。架子高度超过5米，一般应该在每捧进深戗中腰位置与对应立杆下脚打一根反向进深戗，即"倒支子"。

铺设脚手板应保证砌筑、抹灰或粉刷等操作面的需要，及时向上一步或向下一步"翻板子"，并且同时绑好护身栏。

第二节　双排架子营造技艺

双排架子是传统建筑，特别是大型、官式建筑应用最多的一种砌体架子，它的主要特点就是架子和砌体不直接连接，从而更加有利于砌体的各项操作，如图 4.2-1 所示。

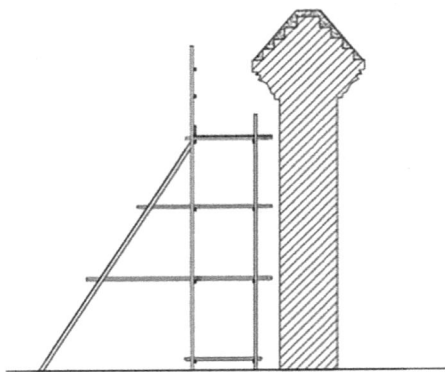

图 4.2-1　砌墙双排架子

双排架子的每排架子与单排架子的要求基本相同：砌筑架子立杆间距在 1.5 米，顺水间距为 1.2 米，排木间距在 1 米；抹灰、粉刷架子立杆间距在 2 米以内，顺水间距为 1.7 米，排木间距在 1.5 米以内。但是，由于是双排架子，所以，里排架子距砌体 30 厘米，两排架子间距为 1—1.5 米。排木搭设在两排架子上，排木一头与砌体间距在 10 厘米以内。

打戗都在外排架子上，与单排架子相同：在外排架子的大面两头要打抱角戗，中间要打碰头戗；而且每隔 10 米左右，为防止架子外倾，还要对着相应立杆打进深戗；进深戗和立杆之间还要绑拉杆，与顺水同步。

关于确定架子立杆的总高度，外排架子与单排架子基本相同，即以最上一步铺设脚手板的高度再加上 1.5 米绑护身栏所需要的高度，以此选择适当的木杆作立杆；里排架子立杆的总高度与外排架子不同，不需要考虑最上一步护身栏所需要的高度，即可以比外排架子少 1.5 米左右。如果立杆需要接杆子，与单排架子相同，两根木杆搭接长度不少于两步顺水之间的高度，相邻立杆搭接应最少错开一步顺水的高度，最上一根立杆要大头向上，所有立杆上端应在一条水平线上。

绑扎顺水杆，也与单排架子基本相同，即建筑物面阔一面在下，进深一面在上。相邻两步顺水绑扎时木杆大小头朝向应相反。顺水杆搭接长度不少于两根立杆之间的长度，相邻两步顺水搭接应最少错开一根立杆。必须注意的是，里排架子的顺水在架子端头一定要与外排架子顺水长度一致，与相邻那面双排架子的里排及外排架子的顺水连接在一起绑牢，增强架子的整体稳定性。

排木必须在里、外排架子的顺水上绑牢，脚手板铺严，与墙体间隙在 10 厘米以内。

双排架子搭设之前，同单排架子一样，也要经丈量计算，将立杆间距及顺水高度标记在丈杆上，在现场标出立杆的位置，然后用挖坑或临时三木搭支撑等方法立起立杆。可以根据现场情况考虑先绑里排架子或外排架子。抹灰、粉刷用架子可以先绑里排架子，立杆可以从里排架子最靠端头的一根开始立，边立起立杆边绑顺水。里排架子的顺水要绑在立杆的外侧，即靠向外排架子一侧。绑好里排架子以后，对应里排架子的立杆开始立外排架子的立杆，绑顺水连接立杆，用排木连接两排架子。砌筑用架子必须先绑外排架子，立杆可以从角上的一根立起，边立起立杆边绑顺水。外排架子的顺水要绑在立杆的里侧，即靠向里排架子的一侧。绑好外排架子以后，对应外排架子的立杆立起里排架子的立杆，只绑最下一步顺水连接立杆，用排木连接两排架子。里、外排立杆必须相互对应，所有立杆都要间距一致，每面的立杆一一对齐，保持顺直，绝不能七扭八歪，里出外进。

绑架子时，要及时打上临时戗，绑了一步顺水就应该临时压上大面架子的角戗和进深戗。如果先绑里排架子，临时戗也要随架子的搭设不断跟上，一打到顶。如果先绑外排架子，也是绑了一步顺水就要打上临时戗，绑了两步顺水后，就要开始打正式戗。与单排架子相同，按照预定的位置，先打大面抱角的开口戗及中间的碰头戗，绑好戗下脚的那根木杆；进深戗视情况而定，如高度不够打不了正式的，也要在二步顺水以上先绑好一根临时的，以保证架子稳定。架子绑到预定高度后，四面打好开口戗和碰头戗，打好进深戗。架子高度超过5米，一般应该在每捧进深戗中腰位置与对应立杆下脚打一根反向进深戗，即"倒支子"。

铺设脚手板应保证砌筑、抹灰或粉刷等操作面的需要，及时向上一步或向下一步"翻板子"，并且同时绑好护身栏。

顺水要绑在外排立杆的里侧。然后，及时打上临时戗。外排架子绑完后，打正式大面开口、碰头戗及进深戗。

第三节　支戗码子架子营造技艺

支戗码子架子也是传统建筑常用的一种砌体架子。在原有一定高度的砌体基础上继续向上砌筑，或者仅仅对原有砌体的上部进行抹灰、粉刷等，一般都可以用支戗码子架子。这样，既不用像单排架子那样在砌体上留下脚手眼，也不必多用材料支搭双排架子。当然，这种架子大多只针对一步脚手空间的需要，如需多步脚手空间，就要在这种架子的前提上再加改进。如图 4.3-1 所示。

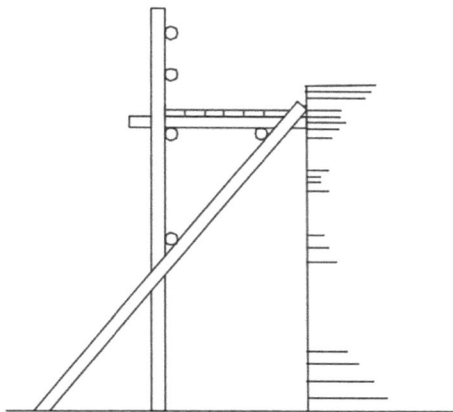

图 4.3-1 支戗码子架子

支戗码子架子的立杆间距为 1.5—2 米，距原砌体一般 1 米左右；顺水间距为 1.7 米；对应每根立杆都要有支戗；排木间距为 1—1.5 米，护身栏高度为 1.2—1.5 米。

支搭架子前，经测量计算，事先备好标有立杆、顺水间距的丈杆，在现场标出立杆的位置。更重要的是算好支戗的长度，准备好合适的支戗。支戗长度以脚手所需高度乘以 1.2 的系数，如脚手所需高度为 3 米，则支戗长度为 3 米 × 1.2 即 3.6 米，以此类推。按照计算好的长度，尽量选择合适的木杆，要是没有合适的木杆，就要用两根木杆小头相贴拼接为一根支戗。如果现场地面不平，或者支戗下脚需挖坑埋设的话，还要根据实际进行调整，有时甚至在现场试用不同木杆或用两根木杆现场拼接。

支搭架子，首先按照立杆位置立支戗，支戗上头顶在脚手所需高度的砌体上，支戗下脚在地面坐实，如地面松软还需挖坑埋设。然后，从架子一头开始，在预定位置立起立杆，找好顺直，并与立好的支戗绑扎牢固。如果立杆与支戗交叉点较高，无法直接绑扎，就要先靠在砌体上支临时支戗，用以固定立杆。接着，按着一条顺水的长度，在又一个预定位置立起立杆，找好顺直，与立好的支戗绑扎牢固或用临时支戗固定；随即在两根立杆之间绑上顺水；再立起这条顺水范围内的其他立杆，并与相应支戗绑扎牢固。按照这种方法，立起全部立杆并绑好第一步顺水后，注意压好大面开口戗。接着向上绑扎顺水至脚手所需高度，打好大面开口、碰头戗，并在最上一步顺水同一水平高度用顺水将各个支戗头部连接在一起，在顺水上皮用排木垂直于顺水，连接立杆和支戗并绑扎牢固。然后，绑扎其他排木，铺脚手板，绑好护身栏。

如果在支戗码子架子基础上考虑增加几步脚手空间的方案，一方面，增加立杆高度和顺水步数；另一方面，在各个支戗头部与顺水搭接处绑立杆下脚，立起新的一排里排立杆，对应着外排架子绑顺水，并用绑扎排木的方法把两排架子连接起来。为保持架子稳固，大面开口、碰头戗都要按增加脚手空间的高度设置；而且，在支戗码子架子的支戗头部连接的外排架子立杆上，还要再向里打进深戗，如果增加脚手步数较多，则需考虑上面每步架子与砌体拉接或搭设坐车支戗；新立起来的里排架子，在每步顺水高度，都要从最边上的立杆绑一根抹角斜杆，与外排架子从最边上往里数第二根立杆连接。

第四节　城台架子营造技艺

城台架子是传统建筑，特别是大型、官式建筑中非常具有特色的一种砌体架子。作为一座座标志性城楼建筑的重要组成部分，城台本身的砌筑及维护需要脚手空间，城台门洞砌筑也需要券胎支架及脚手空间。

一、城台砌筑架子营造技艺

城台砌筑架子如图 4.4-1 所示，是为了解决城台砌筑的需求而搭设的，所以必须注意以下几点：

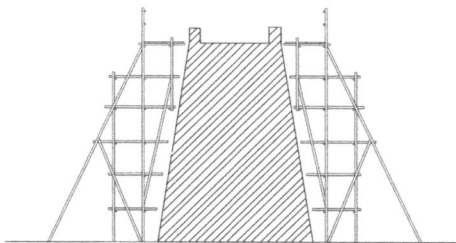

图 4.4-1　城台双排坐车架

1. 考虑城台砌筑的特殊要求，所以架子不能和城台砌体接触；

2. 城台有较大收分，所以架子也要随之向里延伸；

3. 城台上有城垛，所以架子最上一步要以城垛砌筑脚手空间为准；

4. 城台有门洞，所以架子立杆一定要考虑避开。

综上，在支搭架子前，要掌握城台的长、高，掌握城垛的高，掌握门洞的宽、高，掌握城台的收分尺寸。

根据这些数据，首先计算架子的立杆数量、位置和间距。因为必须是双排架子，所以按照里、外排架子间距1—1.5米，里排立杆距城台下脚10厘米考虑，并以此确定城台角上外排架子把角立杆的位置。把城台的长度加上一面外排架子两头把角立杆与城台间的长度，就是这面外排架子的总长度，把这个总长度除以1.5米间距，可以计算出这面外排架子立杆的大致数量。如：总长度为60米，除以1.5米，即这面外排架子立杆有40个柱当，再加1，就是立杆数量，即41根立杆。但是，一般情况下，城台架子的立杆应为双数，所以，外排立杆数量就不能是41根，而应调整为40或42根。根据确定的立杆数量，以及只在门洞两侧布置落地立杆的要求，确定外排架子立杆的具体位置及间距，并在现场予以实测、标注。里排立杆与外排立杆一一对应，也在现场做出标记。

顺水步数的计算，应该从上到下，先定好最上一步脚手的高度，再向下返算，除以顺水间距1.2米，确定顺水总的步数。最上一步脚手的高度是指砌筑城垛的那步脚手，即铺好脚手板的高度，所以，最上一步顺水上皮距城垛最下一层砖下皮不得小于25厘米。按1.2米间距向下返算，余出的高度或均摊到各步当中，或另加一步并核减每步间距。如：最上一步顺水高度10米，除以1.2米间距，得出8.3步，即8步外加0.3步。由于0.3步只有不到40厘米，所以可以均摊到那8步当中，每步摊到不足5厘米。又如最上一步顺水高度 10.5 米，除以 1.2 米间距，得出 8.75 步，即 8 步外加 0.75 步。这 0.75 步合 90 厘米，就可以另加一步，全部顺水可以按 9 步算，间距减为约 1.17 米。计算好的顺水间距应在丈杆上标好，以备搭设架子时作为依据。

由于城台一般都有收分，所以必须根据实际情况，采取相应的对策。在里排架子立杆与砌体间距超过 30 厘米时，可以在里排立杆与砌体之间加一根斜立杆，斜立杆下脚与里排立杆绑扎牢固，顺着城台的收分，与城台保持 20—30 厘米的距离，支撑里排架子向城台方向探出的排木，各根斜立杆之间用顺水连接。里排架子立杆与砌体间距超过 1 米后，还要在里排架子与砌体之间再加一排架子，作为新的里排架子。新加的里排架子立杆的下脚端在斜立杆上，与排木绑扎牢固。这时，原里排架子可以作为外排架子，而原外排架子可以封顶，不再向上搭设。

戗的设置。城台架子需要事先测算戗的位置和数量。大面必须打压角开口戗和中间的对头戗。戗的上头顶在外排架子最上一步脚手顺水以上 30 厘米的立杆上，下脚与高点按 4∶6 比例，与地面坐实或挖坑埋设，与相邻立杆绑扎牢固。进深戗，城台正、背面从城台正中门洞两侧立杆处开始打，并可以按相同立杆间距分别向架子两个角排列，遇到其他门洞口可以做适当调整；城台两侧面参考正、背面立杆间距，也是从两侧正中向两个角排列；靠近架子角的那捧进深戗与角上立杆的间距可以略大于其他进深戗之间的间距。进深戗的上头与最上一步脚手外排立杆绑牢，下脚与高点按 4∶6 比例，在对应地面坐实或挖坑埋设。进深戗过长，为防止塌腰支不上劲，这就需要再搭设平常所说的坐车架子，即在戗下脚与外排立杆之间再起一排架子，立杆、顺水都和外排架子相对应，并每步用拉杆与外排架子连接在一起，用这排架子最上一步顺水托住进深戗。坐车架子自身大面也要打好开口戗和对头戗。同时，还要对应每捧进深戗，在戗的中部与外排架子立杆下脚之间打一捧反向进深戗。

搭设城台砌筑架子，先从外排架子开始，按事先经测算做好的标记，用挖坑或临时支撑的方法立起角上的立杆及其他立杆，在立杆里侧绑顺水，注意随时支搭临时戗，保证架子稳固。门洞口处最中间的两根立杆、最下边的三步顺水都只能绑临时的，可以随时拆除。绑好两步顺水后就可以打正式的开口戗、对头戗，按事先测算好的位置和角度，坐实戗的下脚，在相应立杆上绑牢。架子搭设到一定高度，可以按事先测算的位置绑坐车架子，打好坐车架子大面开口、碰头戗，并对应着事先测算的立杆，开始绑进深戗。进深戗下脚在地面坐实或挖坑埋设，上头绑在坐车架子最上一步顺水以上的立杆上，并留出 20 厘米的间隙，为继续向上打进深戗接杆子做好准备。同时，与每捧进深戗相对应，可以打反向进深戗。外排架子绑到预定高度，按事先测算的位置打好所有的支戗。然后，开始绑里排架子。对应外排架子，用挖坑埋设或与外排架子拉接等方法立起里排架子的立杆，在立杆外侧，即靠向外排架子的一侧绑顺水。顺水两头与相邻外排架子的顺水绑牢。门洞处立杆、顺水对应外排架子，也都是临时的，随时可拆除。绑完一步顺水后，在两排架子顺水上绑排木，并在排木上铺脚手板。排木不得与砌体有接触，脚手板铺完后应与砌体保持 10 厘米的间距。随着砌筑的进度，及时绑好上一步顺水及排木，翻架子，铺脚手板，并且按照事先测算的位置，在一定情况下加绑斜立杆及在里排架子和砌体之间加绑一排架子。加绑的架子顺水在立杆外侧，原里排架子变为外排架子，顺水绑在立杆里侧，即朝向砌体一侧。

另外，在城台维修或不是磨砖对缝时，也可以搭设单排架子，如图 4.4-2 所示。

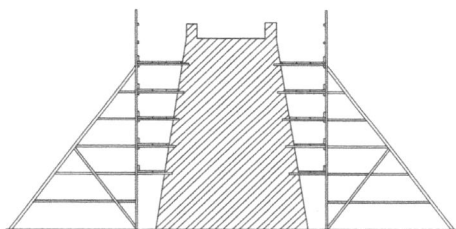

图 4.4-2 城台单排坐车架

二、券胎支架营造技艺

城台门洞的砌筑要有券胎，因此需要搭设牢固、适用的券胎支架，如图 4.4-3 所示。

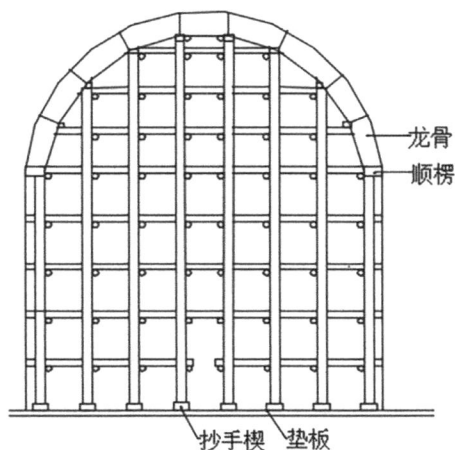

图 4.4-3 城台券胎架子示意图

因为券胎要有非常大的负荷，所以券胎支架的立杆数量就要多一些，用来分担券胎的负荷。一般券胎支架的立杆纵横间距都应该在 1 米左右，而且还应选用比较粗实的木杆，甚至用两根或三根木杆绑在一起承担一个点的负荷。立杆下的地面必须坚实并铺设木板及加垫抄手木楔。同时，连接各根立杆的横杆间距也应该按 1.2 米考虑。为了保证券胎支架的稳定性，券胎支架纵向靠中间的两排架子和靠边上的两排架子都要支搭牢固的开口戗和背口戗，券胎支架横向每间隔 2—3 排架子也应支搭剪刀戗。

券胎支架立杆的位置和高度，要经过事先计算而确定。门洞纵向的立杆，要对应木作每榀券胎龙骨而设立。门洞横向的立杆，应为双数，即门洞正中不能有立杆。要按照门洞横立面尺寸放出大样，根据木作每榀券胎龙骨的高度，计算出与之对应的纵向每排立杆的不同高度。根据这个测量结果，减去券胎龙骨下纵向楞木以及立杆下铺设木板及抄手木楔的厚度，就是每排立杆的实际所需高度，应该按照这个尺寸准备合适的立杆。

券胎支架横向顶部形状，根据门洞券胎龙骨弧度，呈"凸"字状梯形，从门洞正中向门洞两边垂直内壁逐步降低高度。一般情况下，可按 1.2 米一步考虑，但最上两步往往要小于一般间距，仅为一般间距的 1/3 至 2/3。这样，可以使立杆正好处在券胎龙骨纵向楞木的下面，顶部横向各步顺水则要与立杆顶头绑平，以利于楞木的铺设。另外，从门洞横向起拱高度往上一步顺水两端与券胎龙骨的接触点，往往在其下方也没有可以与之相对应的立杆。好在券胎龙骨在这个点上主要承载的也不是直接向下的压力，所以，这步顺水的两端应顶住两侧龙骨，在两端头铺设纵向楞木，用以架设龙骨。

在立起立杆之前要铺好立杆下的木板并加好抄手木楔。一般先立起门洞内靠近两边垂直内壁的纵向架子的立杆，立杆应距门洞垂直内壁 10—15 厘米，用临时支戗趴在内壁上对立杆加以固定，并在立杆靠近门洞中间一侧绑顺水，用顺水将立杆连接起来，同时用临时支戗保持架子稳定。架子绑到预定高度后，及时打好开口、背口戗。然后，从门洞一头开始，一排一排地绑门洞内横向架子，立起立杆，绑好顺水，并按事先测算的位置打好横向的剪刀戗。剪刀戗的下脚踹在门洞内壁与地面的夹角上，两捧戗的上头相互交叉分别和最中间两根立杆的头部绑在一起。在绑横向架子的同时，应及时连接纵向顺水，顺水绑在立杆靠近门洞中间一侧，用纵向顺水协助确定、固定立杆的位置，并打好纵向靠中间两排架子的开口、背口戗。

三、门洞内架子营造技艺

门洞内架子主要是为门洞内的抹灰、粉刷等工序提供脚手空间。因为门洞内一般都是拱顶，有一定的弧度，所以在搭设架子时，一定要考虑到这个特点。另外，还要考虑门洞内人员的流动、材料的供给等，使架子满足各方面的需要。

门洞内架子立杆间距可在 2 米以内，顺水间距在 1.7 米左右，铺脚手板横木间距在 1.5 米以内，靠近门洞内壁的纵向两排架子立杆距门洞内壁 30 厘米。门洞正中纵向两排立杆应悬起 2 米以上，两排立杆之间最低一步横向顺水也应在 2 米以上。

架子最上层脚手板铺好后，应距门洞拱顶最高点 1.7—1.8 米，因此，考虑护身栏的高度，正中两排纵向架子立杆的高度应低于拱顶最高点 0.6 米以内。门洞内壁起拱的高度应提供脚手空间铺设脚手板，所以，靠近门洞内壁的纵向的两排架子的立杆的高度，应比门洞垂直内壁高出 10 厘米以上。

架子支戗，纵向中间的两排架子及靠内壁的两排架子都要打开口、背口戗；横向两头及间隔 4—5 排架子要打剪刀戗。

搭设架子前，事先测量门洞拱顶最高点及门洞起拱点高度，计算出立杆的高度并合理备料；还要在现场标注好靠近门洞内壁架子立杆的位置，在丈杆上标注好顺水的高度尺寸。

搭架子一般先从靠近门洞内壁的两排纵向架子开始，用在门洞内壁上趴戗的方法临时稳定立杆，在立杆靠近门洞中间一侧绑顺水，将立杆连接在一起，并及时打好临时支戗。最上一步顺水上皮应在门洞起拱高度以下 15 厘米。绑好门洞起拱点高度的那步顺水后，及时打好开口、碰头戗。然后，从门洞一头向另一头一排排地绑横向架子，用顺水连接靠门洞内壁的两排纵向架子，立起门洞中间两排纵向架子的立杆。横向顺水要绑在纵向顺水上面。而且注意如果不符合门洞中横向顺水、立杆悬空的要求，最下一步横向顺水和中间两根立杆还要先绑临时的，以备以后拆除。同时，在立杆靠近门洞中间一侧绑纵向顺水，使架子纵横之间都形成稳固的联系，并且按事先布置开始打纵向架子的开口、背口戗及横向架子的剪刀戗。剪刀戗下脚踹实在内壁与地面的夹角，与立杆绑牢；上头相互交叉处瞄准中间两根立杆最上一步横向顺水上 30 厘米。绑好门洞起拱点高度那步横向、纵向顺水后，只在门洞中间纵向两排架子的立杆上继续绑最上一步横向和纵向顺水。之后，横向剪刀戗撞顶绑牢，绑好门洞中间纵向两排架子的开口、背口戗。

脚手板一般都是纵向铺设，没有特殊要求时，可以隔一铺一，即铺"花板"。最上一层在中间两排纵向顺水上绑横木，往下各层在靠近内壁的两排纵向顺水上绑排木，排木间距1.5米以内。最上一层脚手板铺完后，在两排立杆内侧绑好护身栏。靠近门洞内壁的顺水和排木不得与内壁接触，脚手板铺完后与内壁之间不小于10厘米。

有时，还可以在最上一步与起拱点高度一步之间酌情再加一小步，用以解决这两步都难以满足的一部分拱顶对于脚手空间的需要。这就要在中间两排立杆上按所需高度加绑纵向顺水，并在这两根顺水上向门洞内壁一侧分别挑出头，绑上横向顺水及排木。如需挑出50厘米以上，就要按挑出尺寸和增加一小步的高度，利用下面两步横向顺水，再加绑悬空立杆，并在立杆内侧用纵向顺水连接，如同在中间架子和靠内壁架子之间加绑一排架子，在这排架子和邻近中间的一排架子之间绑上排木，并铺好脚手板。

第五节　上料架子营造技艺

砌体砌筑、抹灰、粉刷等，需要提升大量材料，因此就要采用上料架子。一般比较简单实用的有上料平台架子和上料滑车架子。

一、上料平台架子营造技艺

上料平台架子，如图 4.5-1 所示，就是为人工倒料提供脚手空间而搭设的。上料平台架子可以结合砌体架子本身的进深戗搭设，即根据上料平台所需长度，对着进深戗邻近的一根或两根外排架子立杆，再打一根或两根与进深戗高度、角度一样的斜趴戗，在每步顺水上绑木杆，分别与进深戗及斜趴戗连接，并用木杆把进深戗和斜趴戗连接在一起。连接外排架子立杆与进深戗、斜趴戗的木杆架空超过 1.5 米，还要在其间加设立杆。上料平台的最上步脚手板铺设宽度最好在 1 米以上，搭设层数应从砌体脚手空间到地面，按各步顺水高度计算，平台架子呈台阶状排列。

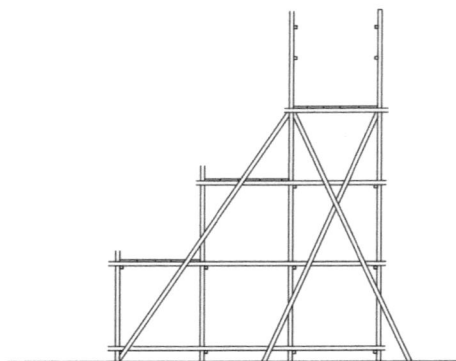

图 4.5-1　上料平台架子

二、上料滑车架子营造技艺

营造上料滑车架子就是在砌体架子需要提升材料的位置上方进行加固、改进，绑上滑轮。这样，就可以通过拉动从滑轮穿过的绳索，将材料提升到所需位置。

如提升材料重量不大，可以在需要提升材料的位置，紧贴着外排架子立杆，绑一根向外倾斜的木杆。木杆上头可探出外架子50厘米，挂好滑轮，在上方两到三步顺水的高度，与相邻立杆和顺水绑扎牢固。木杆下脚最好别在顺水里侧，并与顺水及立杆绑牢。

如砌体架子是双排架子，那么，在需要提升材料的位置以上两到三步顺水的高度，里、外排架子都要在两根立杆之间对顺水加固，即紧贴原顺水再绑一根木杆，使之成为双顺水。然后，用一根粗实的木杆做桤木，一头绑在外排顺水上探出50厘米，挂好滑轮，另一头绑在里排顺水的下面。桤木同时也要和里、外排立杆绑牢。

第五章　传统建筑屋面搭材作营造技艺

传统建筑，特别是大型、官式建筑屋面有硬山、悬山、歇山、庑殿等类型，还有单重檐、双重檐、三重檐及更多层檐的区别。搭材作要针对各种不同情况，为屋面防水苫背、宽瓦、调脊等提供适用的架子，还要配合瓦作匠人搬运、提升、安放正吻、宝顶等重、大的构件。

第一节　齐檐架子营造技艺

齐檐架子是屋面架子中最重要的架子，在某种意义上可以说，齐檐架子是全部屋面架子的基础，甚至可以说，齐檐架子代表着传统建筑，特别是大型、官式建筑营造的一个"脸面"。

由于需要承担比较大的负荷，齐檐架子必须支搭得牢固；又由于作为"脸面"，齐檐架子又必须支搭得美观。

如图 5.1-1 所示，齐檐架子的一般要求是：

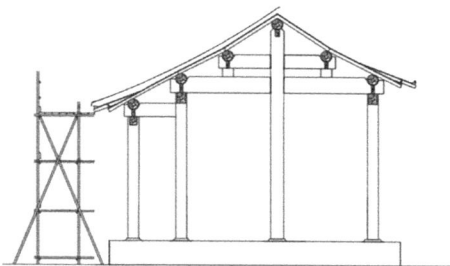

图 5.1-1　齐檐架子

里排架子立杆距离檐头 30 厘米，高出檐头瓦面 20—30 厘米。外排架子立杆高出齐檐那步顺水 1.3—1.5 米。里、外排架子间距 1—1.5 米，同排架子立杆间距在 1.7 米以内。齐檐那步顺水在飞椽以下 20 厘米，顺水间距 1.7 米。排木间距 1 米，脚手板铺严。

立杆应该是双数。为不影响正门出入，正面中间两根立杆可悬起 2 米以上。同时，这个位置最下一步顺水也只能绑临时的，并根据需要随时拆除。

封顶立杆必须出头一致，保持外观平顺。如为接杆子，则必须木杆大头朝上。

头向里的进深戗的上头打在里排架子齐檐顺水与立杆交叉处，头向外的进深戗的上头打在外排架子齐檐顺水与立杆交叉处。一般每间隔 2 根立杆就要打一捧进深戗。

大面打开口戗及背口戗，戗的上头打在外排架子齐檐顺水与立杆交叉处，头顶顺水以上 30 厘米处立杆，与顺水绑扎牢固。

确定齐檐架子立杆的具体位置，要根据建筑物实际尺寸，参照一般间距要求从每面正中向两个角排列，先确定外排架子立杆的位置，再对应确定里排架子立杆的位置。立杆位置应尽量避开建筑物檐柱。如在大木安装架子基础上搭设齐檐架子，可以尽量借用大木安装架子的立杆，并根据齐檐架子的一般要求进行必要的调整。遇有翼角的庑殿、歇山等建筑物，架子四角的立杆应随着飞檐的弧度而排列，里排架子角上的立杆应对准仔角梁头。硬山、悬山等建筑物，山面里排架子立杆应距博风板 30 厘米左右。

确定齐檐架子顺水的具体步数和间距尺寸，要自齐檐一步向下按间距要求排列，即以地面至齐檐一步顺水的高度除以要求的间距，即可得出若干步数。如余出尺寸不多，最下一步顺水间距可大于一般要求，但应控制在 2 米左右。如余出尺寸较多，就应考虑增加一步顺水，按新计算出的顺水步数重新计算顺水间距。如在大木安装架子基础上搭设齐檐架子，可以尽量借用大木安装架子的顺水，并根据齐檐架子的一般要求进行必要的调整。

里排架子的顺水绑在立杆的外侧，外排架子的顺水绑在立杆的里侧；建筑物进深面架子的顺水绑在建筑物面阔面架子的顺水之上。遇有翼角的庑殿、歇山等建筑物，架子四角的顺水也应随着飞檐而起翘。

齐檐架子进深戗及开口、背口戗的戗下脚与高点的比例为 4∶6，从高点向下计算，确定下脚位置。下脚必须坐实或挖坑埋设，确保稳定。进深戗应打在立杆朝向架子外角的一侧，头里、头外的进深戗交叉时，头朝外的进深戗压头朝里的进深戗。如架子过高，进深戗下脚拉出过多，还需用拉杆依每步顺水连接立杆和进深戗。

搭设齐檐架子，一般从建筑物正面搭起。事先要按照测定好的立杆位置在现场做好标记，并将测定好的顺水间距尺寸标注在丈杆上。开始搭设时，按现场标记用绑临时支撑戗或挖坑埋设的方法立起立杆，随后，按丈杆标注尺寸绑顺水并打好临时支撑。可以先绑里排架子，也可以先绑外排架子。先绑里排架子，可以连着绑一整面甚至整整四面的里排架子，再绑外排架子，最后按事先测定位置打好进深戗及开口、背口戗。先绑外排架子，则是按照事先测定的一捧进深戗的间距，随后绑外排架子，再绑里排架子，连带打好这捧进深戗。然后，如此递进，一组一组地绑好全部里、外排架子及进深戗。最后，按事先测定位置打好开口、背口戗。

如果在原大木安装架子的基础上搭设齐檐架子，就要根据齐檐架子的要求，对原有的立杆、顺水、戗分别作出调整。首先，立杆位置要与齐檐架子所要求的相一致，立杆要加高到齐檐架子所要求的高度。然后，在原为安装椽、望而绑的最上一步顺水之上，拆除原护身栏，再按齐檐架子的要求分别在里、外排架子上加绑一步顺水，而且注意里排顺水一定要绑在里排立杆的外侧。接着，按照齐檐架子的要求及测定位置调整进深戗及开口、对头戗，这些戗近乎要全部重新打。

在里、外排架子之间，每隔一步顺水，要在绑进深戗的立杆朝向建筑物中间一侧绑一道横杆，连接里、外排架子立杆，并且在可能的情况下，将头里、头外的两捧进深戗也连接在一起。

里、外排架子全部绑完后，在齐檐一步绑排木，铺脚手板。脚手板在里排立杆里侧的铺设宽度不得小于25厘米。脚手板之上绑两道护身栏，最上一道护身栏距脚手板1.1米。

第二节　重檐齐檐架子营造技艺

重檐齐檐架子是在齐檐架子基础上搭设的架子，应用非常广泛，主要解决重檐屋面脚手空间的需要，如图 5.2-1 所示。

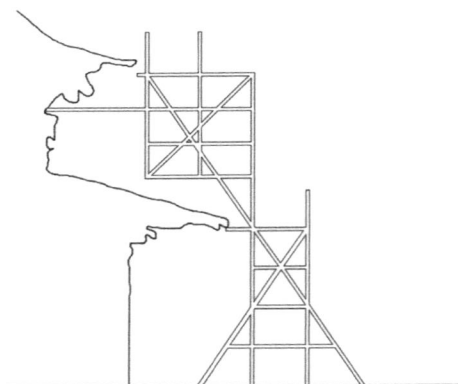

图 5.2-1　重檐齐檐架子

重檐齐檐架子必须满足对于齐檐架子的一般要求：里排架子立杆距离檐头 30 厘米，高出檐头瓦面 20—30 厘米。外排架子立杆高出齐檐那步顺水 1.3—1.5 米。里、外排架子间距为 1—1.5米，同排架子立杆间距在 1.7 米以内。齐檐那步顺水在飞椽以下 20 厘米，顺水间距 1.7 米。排木间距 1 米，脚手板铺严。头向里的进深戗的上头打在里排架子齐檐顺水与立杆交叉处，头向外的进深戗的上头打在外排架子齐檐顺水与立杆交叉处。一般每间隔 2 根立杆就要打一捧进深戗。

对于重檐齐檐架子来讲，还有一个特殊的要求，就是重檐齐檐架子虽然搭设在下层檐的齐檐架子之上，但不允许接触到下层檐的屋面。也就是说，重檐齐檐架子要悬在下层檐的屋面之上。

因此，从搭设重檐齐檐架子考虑，事先测定下层齐檐架子的里排架子立杆高度就不应仅仅高出下层檐头瓦面 20—30 厘米，而是要向上增长，或是直接作为重檐齐檐架子的外排架子立杆，高出重檐齐檐架子的齐檐一步顺水 1.3—1.5 米；或是作为重檐齐檐架子的外围坐车架子立杆，视情况起码高出重檐大额枋以上一步架。同时，测定下层檐的齐檐那步顺水到重檐大额枋的垂直高度，参考顺水间距的一般要求均分，确定为这段高度的顺水间距。另外，还要事先测定重檐齐檐架子进深戗的走势，尤其要看头朝里进深戗的走势，以此确定是否增加下层檐外排架子的立杆高度及顺水步数。

具体搭设时，按照事先测定绑立杆和顺水，顺水要绑在原里排架子立杆的里侧。顺水绑到与大额枋同样高度时，从每根立杆靠近架子大面中央的一侧，用木杆垂直于顺水，大头朝里搭在顺水和大额枋上面，与立杆绑扎牢固。木杆落空超过 4 米可用双笔管，大头朝里的在下，大头朝外的在上，尽量选择长度合适的木杆，以利外观。接着，立重檐架子的里排立杆。每面架子从靠近角上第一捧进深戗对应位置的立杆开始立。竖立正式立杆前，一般需要在相邻两捧进深戗对应位置各自先立一根辅助立杆，辅助立杆离预定位置 30 厘米以上，将立杆临时立在下层屋面上，与搭在大额枋上的木杆绑牢；然后，在这根立杆与原里排架子立杆之间，按照齐檐那步排木的高度绑上一根木杆，尽量选择长度合适的木杆，大头朝里摆放。这时，按照预定位置和要求绑重檐架子的正式里排立杆，并且将这两捧进深戗对应位置上的正式立杆用上下两步顺水连接起来，顺水分别绑在搭在大额枋上的木杆以及平行于其上的排木之下，绑在正式立杆外侧。在这个基础上，立起两根立杆之间的其他里排立杆。如果还需要另外绑重檐外排架子，那么，也按照这种方法，按预定位置和要求，在立起里排正式立杆后，立起正式外排立杆，用上下两步顺水在正式立杆里侧连接起来，并按顺序立起其他外排立杆。每面架子正身部分绑扎完成后，将重檐里排及另绑的外排架子的顺水向角上延伸连接到原里排架子上，并相应立起其间的立杆。重檐齐檐架子的进深戗，按照事先测定的进深戗走势，一定绑扎结实、牢固。特别是与悬空立杆绑扎时，更要双扣加固。大面开口、对头戗打在最外一排架子上。打好戗后，临时立杆可以拆除。最后，按要求绑排木，铺脚手板，绑护身栏。另外，为增强重檐里排与另绑外排架子立面、侧立面的稳定性，在大额枋高度以下还要再加一步顺水，这样，悬空的立杆就要再往下，一并连接三步顺水。悬空立杆距下层瓦面不得少于1米。而且也要在进深戗对应位置的立杆朝向每面架子中央一侧，在最下一步顺水上面，绑一根木杆，将重檐里排、外排与原里排架子连接起来。另绑的外排架子角上的悬空立杆，还要额外绑底脚支戗，即两捧支戗下脚分别绑在悬空立杆对应的原里排架子两面立杆上，支戗上头绑在悬空立杆底脚上。

第三节　城楼倒身齐檐架子营造技艺

城楼倒身齐檐架子是为城楼屋面特地搭设的架子，能够根据城楼具体条件，提供适用的屋面脚手空间。

搭设城楼齐檐架子，在城台大面上却经常只有里排架子落脚的地方，所以，它的外排架子下脚只好向里收，和里排架子下脚落在一个地方。这样，外排架子就好像向外"倒"着似的。这就是"倒身齐檐架子"这个称谓的来历，如图 5.3-1 所示。

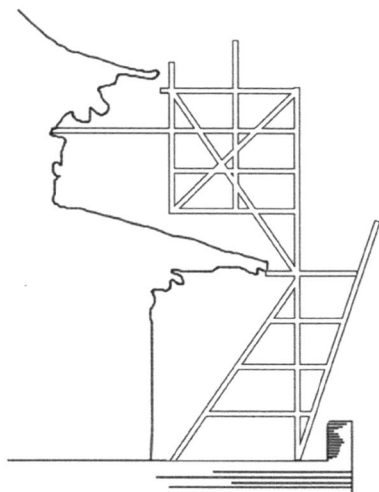

图 5.3-1　城楼倒身齐檐架子

倒身齐檐架子同样要求里排架子立杆距离檐头 30 厘米，高出檐头瓦面 20—30 厘米；外排架子立杆高出齐檐那步顺水 1.3—

1.5 米；里、外排架子在檐头间距 1—1.5 米，同排架子立杆间距 1.7 米以内；齐檐那步顺水在飞椽以下 20 厘米，顺水间距 1.7 米；排木间距 1 米，脚手板铺严。

但是，由于倒身齐檐架子的上部重心向外偏斜，形成较大的外倾力，而且受城台条件限制，无法对它支顶头朝里的进深戗，所以，就要在另一个方向采取措施：一方面设法让倒身齐檐架子的重心偏向城楼里侧；再一个方面，对倒身齐檐架子施以拉力，把它拉向城楼里侧。

重心里移，可以利用大木安装架子，在搭椽、望架子时绑倒身外排立杆，直接把倒身架子和大木安装架子连在一起，搭齐檐架子时再按要求加以调整。如果没有大木安装架子能够利用，那么，可以连带支搭廊步装修架子，把倒身架子和装修架子连接在一起，统筹考虑，一并搭设。

拉向里侧，一是用拉戗将倒身架子上部和偏向城楼里侧底部的固定点连接起来；二是对连接倒身架子的大木安装架子或装修架子支顶头朝里的进深戗。

具体来讲，在搭设城楼大木安装架子时，就要事先确定立杆的位置与齐檐架子的立杆相互对应。当搭设椽、望安装架子时，直接按齐檐架子的要求立起齐檐里排立杆及倒身外排立杆，并且用大头朝外的木杆，与大木安装架子一步步地连接在一起；同时在里排立杆外侧、外排立杆里侧绑顺水，连接新立起的里、外排立杆；然后，在大额枋上皮高度绑椽、望处安装那步里、外排顺水。椽、望安装完毕，将架子长到齐檐高度，按齐檐架子要求绑顺水、排木，铺脚手板，绑护身栏。

如果连带支搭廊步装修架子，和利用大木安装架子基本一样，也要按齐檐架子的要求确定立杆位置，只是顺水的高度要符合装修的要求。

倒身齐檐架子的拉戗及进深戗每间隔2根立杆就要打一捧，从每面架子的中央向两边角上排。拉戗的上头紧贴齐檐步顺水下皮，与外排或里排立杆绑扎牢固。拉戗的下脚应按与戗上头高度不小于五五比例拉出，与相应立杆下脚绑扎牢固，立杆应顺拉戗方向绑好扫地杆。头朝里的进深戗下脚要和里排立杆的下脚绑扎牢固，戗上头应按底高大于四六比例，与相应立杆绑扎牢固。

最后，倒身齐檐架子大面也要按要求打好开口戗和对头戗。

第四节　持杆架子营造技艺

持杆架子是屋面架子中有着多种作用的一种架子，不仅仅是为捉节夹垄，甚至可以说，持杆架子为屋面之上各种架子提供了赖以存在的基础。

从构成上讲，持杆架子比较简单：如图5.4-1所示，顺着屋面瓦垄方向的是持杆，与瓦垄方向垂直的是爬杆。爬杆紧贴瓦面，避开瓦节，压在瓦背上。持杆绑在爬杆上面，支撑爬杆的负荷，稳定爬杆的位置。爬杆间距1.7米，最上一步爬杆距屋面正脊20厘米，爬杆两头距垂脊、戗脊20厘米，爬杆距围脊或博脊也要有20厘米。持杆的间距与齐檐架子里排立杆相同。

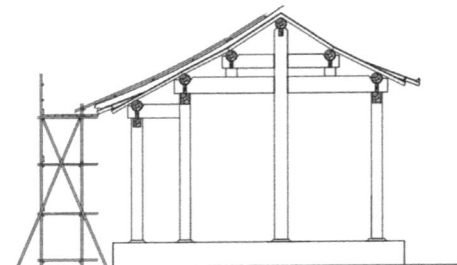

图 5.4-1 持杆架子

要根据屋面实际坡长除以爬杆间距要求，得出爬杆的步数，经必要的调整后，测定实际的爬杆间距，并在丈杆上做好标记。还要根据屋面的实际坡度变化，选用在长度及弯度上合适的木杆作为持杆用材。

搭设持杆架子，先在齐檐架子里排立杆内侧绑一道横杆，横杆上皮高过檐头瓦面10厘米。接着，按丈杆上的标记，从屋面的一头开始，摆好最下一步爬杆，随即在爬杆两头与对应的里排立杆用事先选好的持杆连接起来。持杆置于里排立杆靠近屋面中央一侧，大头搭在里排立杆内侧的横杆上，与立杆绑牢；持杆小头搭在爬杆上并绑扎结实。绑完爬杆两头的持杆，再绑爬杆中间的持杆。持杆最好顺直地悬在筒瓦背上，而且不能接触到瓦面。用这种方法，一搭一搭地绑好屋面的全部持杆架子。根据屋面坡度选用合适的持杆，也可以一根持杆连接两步以上的爬杆，只是必须保证爬杆紧贴瓦面。

第五节　正脊架子营造技艺

正脊架子作为屋面正脊调脊用的架子，是在持杆架子基础上搭设的一种架子。

如图 5.5–1 所示，正脊架子的立杆与正脊之间的距离一般为 1 米以内，立杆之间的间距同持杆间距，铺板那步顺水应与最上一步爬杆水平高度相同。正脊架子每面都要打开口戗和背口戗。护身栏绑两道，上面一道护身栏距脚手板 1.1 米。

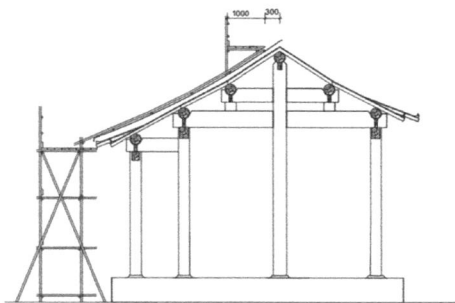

图 5.5–1　正脊架子

搭设架子前，要挑选具有一定长度的木杆作为立杆、戗杆和排木。立杆的长度根据与正脊的距离及举架高度计算，一般长度为 2—2.5 米。戗杆按四六比例，一般长度为 2.4—3 米。排木长度参照立杆和正脊的距离多出 20 厘米即可，不宜过长。

搭设架子从屋面的一头开始。先按照与正脊的距离要求立起一根立杆，立杆下脚绑在持杆背向屋面中央一侧，随即用一根排木，大头向里，搭在最上一步爬杆上，贴在立杆及对应持杆靠向屋面中央一侧，找平后与立杆及持杆绑牢。然后，在一根顺水可以达到的长度内，再立起一根立杆，用排木在最上一步爬杆高度与持杆连接。同时，在立杆里侧用顺水将两根立杆连接起来，并绑好这两根立杆之间的上一道护身栏。接着，再顺序立起这根顺水范围内的其他立杆，绑好与持杆连接的排木。这样，按这种方法逐步推进，一直绑到屋面的另一头。紧跟着打开口、背口戗，戗脚和立杆下脚绑牢，戗头抵住立杆头，在顺水及上一道护身栏上绑扎牢固。最后，绑排木，铺脚手板，绑好下一道护身栏。

还可以用简易方法，即与最上一步爬杆高度齐平，在持杆上面再绑一根木杆，并在爬杆和这根木杆之间绑一根短木。

第六节　垂脊（戗脊）架子营造技艺

庑殿、歇山，包括硬山、悬山屋面都需要垂脊调脊用的架子，歇山屋面的戗脊也需要调脊用的架子。这些架子都是在持杆架子基础上搭设的。

歇山，包括硬山、悬山屋面的垂脊架子，两侧山面如图 5.6-1、图 5.6-2 所示，具体搭设方法见本章第九节"排山架子"有关介绍；屋面部分比较简单的搭设方法就是直接顺着垂脊的一侧，在邻近爬杆上铺设脚手板。脚手板长度以能够搭在两根爬杆之间为宜，铺设宽度 50 厘米，脚手板两头分别与爬杆绑牢。脚手板应从低到高一搭一搭地铺设，高的一搭脚手板板头压在低的一搭脚手板上。每搭脚手板中间还可以加一道短爬杆，爬杆两头分别与相邻持杆绑牢。脚手板上应每隔 20 厘米钉一道木防滑条，防滑条摆放方向应和正脊及檐头平行。

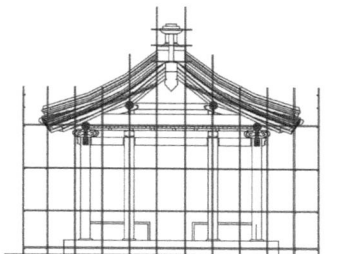

图 5.6-1　垂脊架子（1）　　　　图 5.6-2　垂脊架子（2）

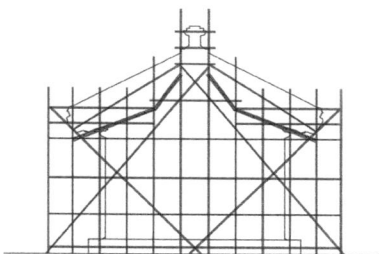

如需绑扎护身栏，立杆间距与爬杆相同，高度在 1.5 米以内；绑两道护身栏，上一道护身栏距脚手板 1.1 米。搭设时，从下向上绑护身栏。立杆下脚和爬杆绑牢，立杆上头用四六比例斜戗也和这根爬杆连接起来做横向固定，再用另一捧斜戗把立杆上头与上面一捧爬戗连接起来做纵向固定。接着，按屋面坡度每一个变化点，依次立起立杆，用斜戗横向固定，并在立杆间连接护身栏。最后，绑好坡度变化点之间的立杆。

庑殿的垂脊架子，以及歇山的戗脊架子，如图 5.6-3 所示，要在距垂脊、戗脊两侧 1 米以内，在持杆的上面，随着垂脊、戗脊的走势，再分别绑一根斜的木杆。然后，在这根木杆上绑排木，排木平行于檐头，另一头搭在距垂脊、戗脊 20 厘米的屋面上。铺脚手板要从下到上，高的一搭脚手板头压在低的一搭脚手板上。如靠近垂脊、戗脊的原持杆过高，影响铺脚手板时，应做

115

适当调整。脚手板要每隔 20 厘米按平行于檐头的方向钉好木防滑条。

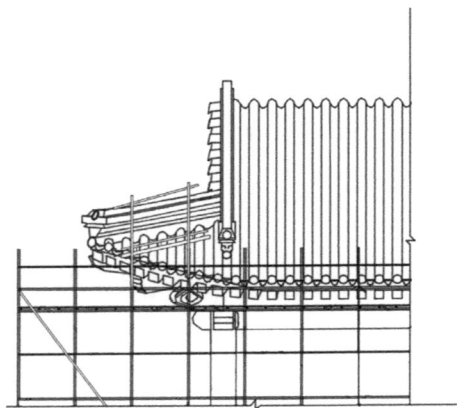

图 5.6-3　戗脊架子

如需绑扎护身栏，立杆按 2 米以内间距、1.5 米以内高度放置，下脚和持杆上的斜木杆绑牢，上端和屋面正身一侧的爬杆绑好斜支撑；绑两道护身栏，上道护身栏距脚手板 1.1 米，护身栏要和正脊架子或垂脊架子连接在一起。

第七节　围脊（博脊）架子营造技艺

这两种架子分别用于围脊、博脊的调脊，它们也是在持杆架子基础上搭设的。

搭设围脊、博脊架子，如果比较复杂一点，就是和正脊架子相仿，如图 5.5-1 所示，只是立杆到围脊、博脊距离一般在 50 厘米即可，因此立杆长度为 1.5—2 米，随之排木长度也就在 1 米以内。搭设时，也是从围脊、博脊的一头开始，先立起一根立杆，按距离要求，下脚绑在持杆上；用排木搭在围脊、博脊下爬杆上，找平后分别与立杆及对应持杆绑牢；接着在排木下绑顺水，找平后，利用顺水的长度，在其另一端下面对应的持杆上再立起一根立杆，同样用排木连接立杆和上面对应的持杆；然后立起顺水长度范围内的其他立杆；如此递进，继续绑好全部立杆、顺水，接着绑好上一道护身栏，打好架子的开口、背口戗；最后，绑排木，铺脚手板，绑好下一道护身栏。

还有通常采用的比较简单的围脊、博脊架子，就是在与围脊、博脊下爬杆相同高度、与爬杆平行的位置，在持杆上再绑一根木杆，并用短木填充这根木杆和爬杆之间的空隙，形成 30 余厘米宽的比较适用的脚手空间。

第八节　屋面马道架子营造技艺

屋面马道架子是借助屋面持杆架子搭设的一种架子，主要是为方便屋面人员上下、材料运输。

这种架子搭设比较简单，一般就是在屋面两根持杆之间铺设脚手板，如图 5.8-1 所示。因原爬杆间距较大，所以还要在两根爬杆间再加一根短爬杆。脚手板应和爬杆贴实、绑牢，尽量选用长度合适的脚手板，尽量铺对头板。如需压茬，上一搭板头压在下一搭板上。脚手板上每隔20厘米钉一道木防滑条。

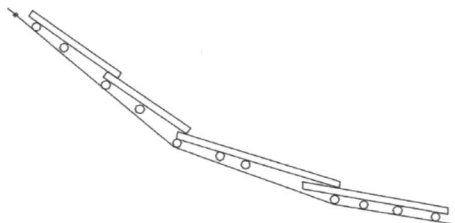

图 5.8-1　屋面马道架子

第九节　排山架子营造技艺

排山架子能够为排山博风安装等提供脚手空间，还能和持杆架子一起，为歇山、硬山、悬山建筑物垂脊的调脊等提供脚手空间，而且还可以进一步作为搭设正吻架子的基础。

一、硬山、悬山排山架子

硬山、悬山排山架子如图5.9-1所示，直接从建筑物山面的齐檐架子向上搭设。按照齐檐架子的一般要求，山面的立杆从正脊中间向两边排，对应正脊的位置应为空当。里排立杆距博风外皮30厘米，里外排架子间距1—1.5米；里排立杆应高于对应的博风下皮，其中除中间两根立杆以外，其他的立杆可以封顶；外排立杆比对应的里排立杆高 1—1.3 米。顺水的高度，最上一步应在山尖博风以下 30 厘米位置；其余横顺水按顺水间距要求，在齐檐一步和最上一步之间排开；斜顺水也应根据屋面坡度变化，置于博风下 30 厘米位置。中间两根立杆都要打进深戗，在最上一步顺水和齐檐一步顺水之间高度，头里、头外交叉打在立杆背向中间一侧。排木间距 1 米，护身栏两道，上一道距脚手板 1.1 米。

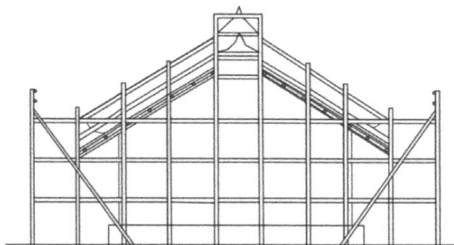

图 5.9-1　硬山、悬山排山架子

搭设架子时，按照预定高度接立杆，绑横向顺水，绑排木连接里外排架子，打好进深戗。然后，绑斜顺水，木杆大头向上，从上向下绑，先绑里排顺水，再在里外排架子间绑排木找平，接着绑外排顺水。根据屋面坡度变化和预计铺板长度，斜顺水应逐步变缓角度顺势绑扎，这时，下一根斜顺水的大头应压在上一根顺水上。排木应绑在立杆靠中间一侧。斜向脚手板从下向上铺，尽量铺对头板，如无法做到，就应上搭板压下搭板，脚手板两头必须和排木绑牢，脚手板上每隔 20 厘米钉一道木防滑条。最后，绑好护身栏。

二、歇山排山架子

歇山排山架子如图 5.9–2、图 5.9–3 所示，与硬山、悬山排山架子的区别，就在于它不是从山面齐檐架子上直接搭设，而是要借助山面的持杆架子才能搭设起来的。

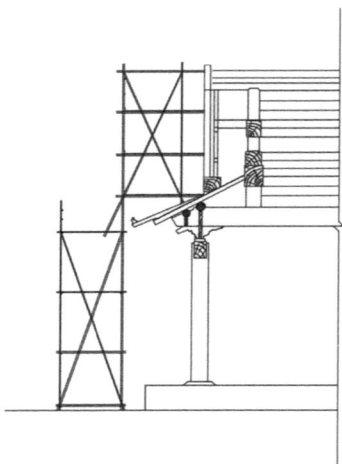

图 5.9–2　歇山排山架子 正立面

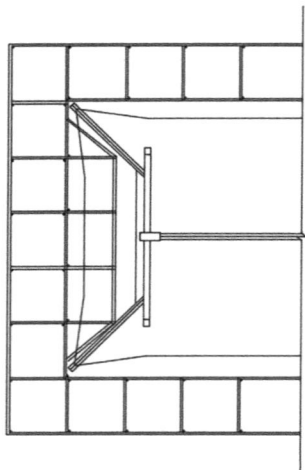

图 5.9–3　歇山排山架子 平面

搭设歇山排山架子，一般需要加高齐檐里排架子，将它作为排山架子的外排架子，这时，顺水要绑在立杆的里侧。同时，利用山面屋面持杆架子，立起排山架子的里排架子，顺水要绑在立杆的外侧。

里排架子的立杆绑在屋面持杆背向山面中间一侧，下脚不得触碰瓦面；竖立里排立杆，要及时用顺水相互连接，并用排木及时将里、外排立杆连接牢固。中间两根立杆背向中间一侧分别打进深戗，头里、头外相交叉，上头绑在最上一步顺水高度的排木上，下头分别绑在齐檐步外排立杆及屋面持杆上。

第十节 正吻架子营造技艺

正吻架子是安装屋面正吻的专用架子，是在持杆架子以及排山架子的基础上搭设的架子，如图 5.10–1、图 5.10–2 所示。

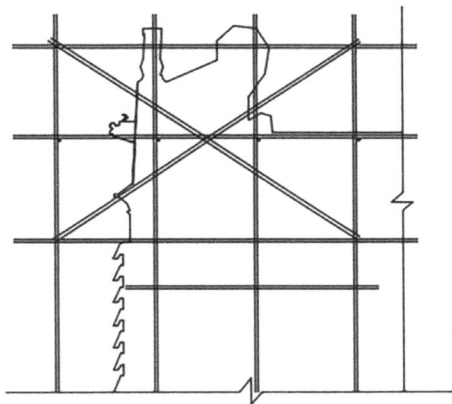

图 5.10–1 正吻架子 正立面

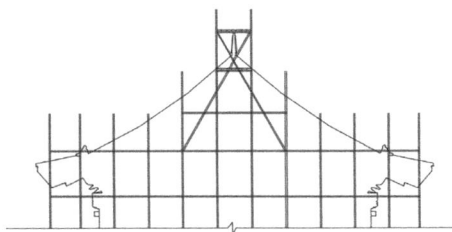

图 5.10–2 正吻架子 山侧立面

由于正吻构件多超大超重，所以对正吻架子就会提出一些相应的要求。一是要具有提升重物的能力；二是要根据正吻各拼构件的不同高度确定顺水及铺脚手板的高度，以满足拼装需要；三是要有足够的平面脚手空间，以供安装时使用。因此，正吻架子应比正吻高出 1.5 米以上，正吻两侧应有 75 厘米以上空间，脚手板应铺在拟安装正吻构件下皮 10 厘米以下位置，架子大面立杆间距应在 2 米以内，正吻架子四面都要打好抱角戗，顶步顺水应加固并设置柁木以锚固提升构件的滑轮等设施。

搭设正吻架子时，如在原有排山架子的条件下，首先按正吻架子预定高度，加高排山架子中间两根里排立杆；随即在垂脊以上，用顺水按预定高度绑在立杆朝向山尖一侧，用以连接两根立杆，顺水木杆大头应朝向建筑物正面；接着，再按照预定位置，在持杆架子的基础上，立起屋面上正吻架子角上的两根立杆，立杆下脚在持杆上绑牢；然后，在连接排山架子两根立杆的顺水下面，在两根立杆朝向正脊一侧分别绑顺水，顺水木杆大头朝外，用以连接在屋面预定位置上立起的两根立杆；再用顺水把屋面上的这两根立杆连接起来，顺水大头朝建筑物正面，搭在顺正脊顺水的上面，绑在立杆朝正吻一侧。

庑殿正吻架子，因为没有排山架子可以借用，所以完全要在持杆架子的基础上搭设。正吻架子四角的立杆，按照架子搭设要求和预定位置，分别立在山面两条垂脊内侧和大面正脊两侧，立杆下脚绑在持杆上。立起立杆时随即按预定高度用顺水相互连接。

在立起立杆并绑下面这步顺水时，应注意借助持杆及时打好临时支撑，保持架子稳定。接着，按照预定高度绑好各步顺水，绑好四面抱角戗。戗的上头顶住角上的立杆，与顺水绑牢；戗的下脚，绑在正吻架子立杆的下脚上。架子最上一步顺水加固后绑上柁木，拴好滑轮，穿好绳索，做好提升正吻构件的准备。

铺设脚手板，最下一步可以借用正脊架子，向上随安装进度，按每拼构件高度逐步向上翻板。脚手板先铺正吻两侧，再铺正吻两头。脚手板架空 1.5 米以上时，需要在中间加排木。这就要在距正脊 20 厘米左右位置顺着正脊两侧再绑两根顺水，顺水中间靠正吻一侧绑立杆，立杆下脚绑在持杆或爬杆上，如同在正吻两侧都搭设了双排架子。这样就可以按需要比较方便地加设排木了。

第十一节　宝顶架子营造技艺

宝顶设在建筑物的顶尖位置，是攒尖建筑的一大特色。宝顶架子可以为宝顶安装提供合适的脚手空间，如图 5.11-1、图 5.11-2 所示。

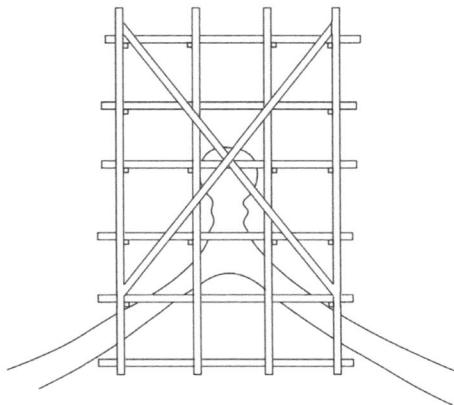

图 5.11-1　宝顶架子 正立面

不论是哪种形式的攒尖建筑，一般宝顶架子都按四方形考虑。架子高度应超过宝顶 1.5—2 米，立杆间距不超过 2 米，顺水高度应符合宝顶构件高度要求，顶步顺水应加固并绑好可挂滑轮等提升设施的柁木，架子四面都要打好剪刀戗，宝顶四周脚手板铺设宽度不小于 50 厘米。

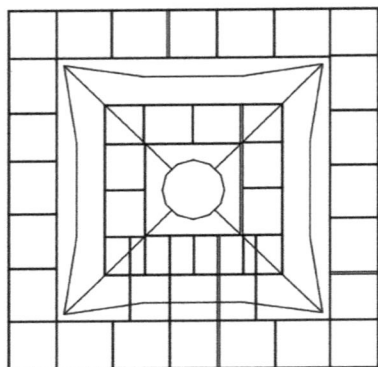

图 5.11–2　宝顶架子 平面

搭设宝顶架子，先要选择好四个角的位置。一般情况下，架子角上的立杆应置于垂脊的背后。要利用原有的屋面持杆架子，将角上的立杆下脚在持杆上绑牢，并用顺水相互连接起来，打好临时支撑；顺水，屋面正面的在下，屋面两侧的在上。随后，接着绑扎直至封顶。打戗时，戗的上头顶住角上的立杆在顺水上绑牢，下脚和立杆下脚绑牢。脚手板先铺屋面正面的，再铺屋面两侧的；随着安装进度及时向上翻板。如脚手板架空 1.5 米以上时，需要加设里排架子，立杆下脚绑在持杆架子上，距宝顶外皮 10 厘米以上，顺水绑在里排立杆外侧，里、外排顺水之间绑排木，间距不超过 1.5 米。

第十二节　正吻、宝顶安装配合营造技艺

安装正吻、宝顶，在运输、提升、就位过程中，都需要搭材作做出有效的配合。

需要配合运输的正吻、宝顶这类构件多为琉璃等制品，不能磕碰。在运输过程中，构件应用纤维物进行包裹，装载时构件下应用柔软物进行铺垫。捆绑构件的绳索尽量选用棕绳，如用钢丝绳，须在钢丝绳与构件接触处垫好纤维物，或用扎缚绳事先缠绕在钢丝绳表面。

运输这些构件，多使用平板运输车。可绑起三木搭，在三木搭上挂倒链，或挂滑轮穿绳索连绞磨；用倒链或绞磨拉起构件，平稳地放在平板运输车上，并用绳索加以固定。推动运输车时，要有专人掌握方向，推车的人要分布在车两旁，车前面禁止有人。运输车运行应避免颠簸，防止构件损坏。

构件运到位后，即可按照预定方案实施提升。可以先将构件提升到檐头的齐檐架子上，再将构件提升到正吻、宝顶架子下，然后再利用正吻、宝顶架子将构件提升到预定位置。

将构件提升到齐檐架子的檐头高度，可以绑专用的抱杆：对着正吻或宝顶，加高齐檐架子檐头高度的一根外排立杆，比檐头那步脚手板高 3 米左右；然后，在这根立杆顶部和两旁相邻立杆檐头处之间分别用两根木杆连接起来；再从这根立杆顶部到对应

125

的里排立杆檐头处绑一根斜的抱杆，抱杆探出齐檐架子外皮50厘米以上。根据构件的重量，还应考虑是否将立杆、抱杆设为双笔管。接着，在抱杆头上绑好滑轮，穿好绳索，并将绳索通过转向滑轮和绞磨连接。提升过程中，要设专人指挥，专人推动绞磨，提升速度要平稳。提升构件时，必须将构件绑扎牢固，还要在构件上拴好牵引绳，随着构件向上提升，由专人用牵引绳控制构件，防止构件与架子刮碰。构件提升到檐头高度，在架子里侧由专人将构件向里拉到架子上，这时才能放松提升绳索，将构件落到檐头高度的齐檐架子上。

将构件从檐头提升到正吻、宝顶架子下，可以绑专用马道，即从齐檐架子檐头绑专用抱杆的位置到正吻、宝顶之间，搭设宽度为1.5米以上的马道。马道的屋面部分利用屋面持杆架子，也就是两根持杆之间的宽度；檐头部分按照持杆架子在齐檐架子里排两根立杆内侧那道横杆的水平高度，在对应的外排架子两根立杆内侧也绑一根横杆，并在这根横杆和里排那道横杆下边，分别用木杆把对应的里、外排立杆连接起来。脚手板从上向下铺设，尽量铺对头板，如需压茬，下一搭板头压在上一搭板上。脚手板应紧贴爬杆并和爬杆绑牢，原两根爬杆之间应再加一根短爬杆；檐头部分原两根横杆之间也应再加一根排木。构件由抱杆提升到檐头高度，落在专用马道上，应该在构件下专门放一个木底托，木底托不要太大，以放得下构件为宜。构件要和木底托绑扎牢固。提升构件时，在正吻、宝顶架子下的横木上挂好倒链，或者挂滑轮并穿过绳索连接绞磨，通过倒链、绞磨拉动木底托，将构件提升到正吻、宝顶架子下。如木底托下加滚杠，应设专人及时铺、撤滚杠，并通过调整滚杠角度掌握木底托运行方向。提升时，要听从专人指挥，所有人必须避开木底托正后方。

　　将构件从正吻、宝顶架子下提升到预定位置，就能够用王吻或宝顶架子了。首先，在正吻或宝顶架子顶部的柁木上挂好倒链，或挂滑轮并从滑轮穿过绳索连接绞磨。然后，将构件按安装状态捆绑好绳索，通过倒链或绞磨带上劲儿，避免构件侧置或倒置。接着，缓慢拉动倒链或推动绞磨，使构件从正吻、宝顶架子外进入架子内。这时，应由专人拉住预先捆绑在构件上的牵引绳，避免构件和架子磕碰。接着，继续用倒链或绞磨向上拉动构件，当构件到达预定高度时，由瓦作匠人对正位置，再放松倒链或绞磨绳索，使构件准确入位。

第十三节　屋面骑马架子营造技艺

　　屋面骑马架子是查看、检修正脊使用的一种架子，如图5.13-1 所示，在没有齐檐架子的情况下，屋面骑马架子还可以起到拉拽倒绑持杆、倒绑扶手架子的作用。

　　搭设屋面骑马架子，先在紧贴正脊根部的两侧放爬杆，爬杆两头应距垂脊 20 厘米；然后闪开正吻，按 2 米以内间距双数非开，在正脊两侧剪刀交叉绑骑马立杆。骑马立杆底脚绑在正脊两侧的爬杆上，中间紧靠正脊顶部，上头到中间的长度应和底脚到中间的长度相同。骑马立杆中间交叉处一定绑牢；两根骑马立杆上头要绑一根短木撑住劲，使骑马立杆能够紧紧地夹住正脊。每

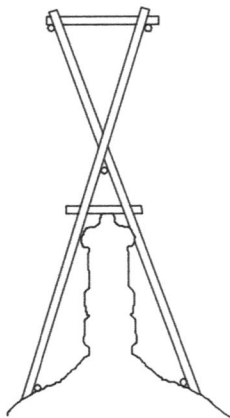

图 5.13-1　屋面骑马架子

组骑马立杆之间应用木杆连接，木杆压在骑马立杆交叉处上。在骑马立杆底脚外侧，可以绑一根与正脊平行的木杆，高度与正脊底部的爬杆持平，以作为简易脚手架使用。

还有一种屋面骑马架子，简易型的：在正脊的一面已经搭起持杆架子或正脊架子的情况下，按照 2 米以内间距，在最上一步爬杆上绑扎缚绳，将扎缚绳的一头搭过屋面的另一面，用这些扎缚绳绑横木杆，距正脊 20 厘米，用来作为查看、检修正脊的辅助脚手架。

第十四节　屋面倒绑持杆、檐头倒绑扶手架子营造技艺

屋面倒绑持杆、檐头倒绑扶手架子是屋面测量、检修时使用的架子，这些架子的特点在于，它们借助屋面骑马架子，在屋面自上而下地搭设的。

屋面倒绑持杆架子，如图 5.14-1 所示，是从屋面骑马架子的各根骑马立杆底部向下绑持杆。应根据屋面坡度的变化选择合适长度的木杆作持杆，并按照 1.7 米以内的间距，根据屋面坡长

测定爬杆的具体位置。顶头的那根持杆大头朝上，绑在正脊根部的爬杆上。再往下，在持杆下面按预先测定位置绑爬杆。以此类推，先绑持杆，再往下按要求绑爬杆。除顶头那根持杆以外，下面的持杆都要大头朝下，持杆大头要赶在爬杆位置以下 20 厘米。爬杆的两头距垂脊 20 厘米，如探出最边上的持杆超过 1 米，还应加绑一根持杆。

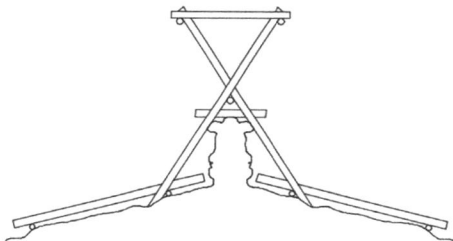

图 5.14−1　屋面倒绑持杆架子

最下面檐头的持杆大头朝下，出檐头 20 厘米；最下面檐头的爬杆距檐头 20 厘米。绑最下面持杆和爬杆可以采取这样的方法：在檐头以上一步爬杆处先将最下一步爬杆摆放好，再按间距要求将持杆大头在爬杆上绑好；然后，以每根爬杆为单位，揳着持杆，一根一根地向下把爬杆滑放到檐头预定位置，再将持杆与上面的爬杆绑牢。在最下一步爬杆上绑持杆时，在两根爬杆拟搭接处，持杆只能绑在大头爬杆上，而小头爬杆则应撒着头，以便于爬杆分别向下滑放。所有爬杆滑放到位后，再将小头爬杆与相应持杆绑牢。

檐头倒绑扶手架子，如图 5.14−2 所示，搭设步骤和屋面倒绑持杆架子一样，也可以说是屋面倒绑持杆架子的延续。同样在檐头以上一步爬杆处，当绑檐头持杆和爬杆时，在持杆大头向里 10

厘米绑扶手立杆，立杆高过持杆 1.2 米。然后用一根 2.5 米左右的拉杆连接立杆顶部和持杆，拉杆与立杆相交的角度应为 90°。接着绑立杆上的两道扶手和下连杆，扶手、下连杆长度应同爬杆，上一道扶手在拉杆下皮，下连杆在持杆上皮。最边上的扶手立杆应打开口戗，戗打在扶手外，上头顶住立杆，与扶手及下连杆绑牢。其余扶手应打临时大面戗。在最后向下滑放时，也是以每根爬杆为单位分别滑放。要掌握好出檐尺寸，将持杆与上一步爬杆绑牢，将最下一步爬杆以及扶手、下连杆的小头分别与相应持杆、立杆绑牢并拆除临时戗，视情况打背口戗。

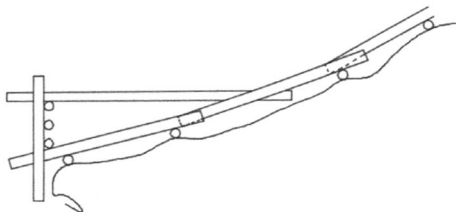

图 5.14-2　檐头倒绑扶手架子

第六章　传统建筑装饰装修
搭材作营造技艺

第一节　满堂红架子营造技艺

满堂红架子是建筑物内部装饰、装修时采用最多的一种架子。概括地说，满堂红架子应该能够解决建筑物内部的上面、四周、室内柱子等全方位脚手空间的需要，如图6.1-1所示。

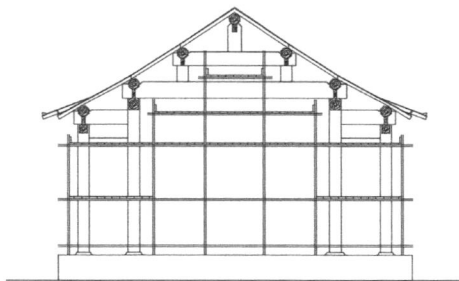

图 6.1-1　简易满堂红架子

满堂红架子最上一步顺水的高度，要符合不同的使用需求。一般情况下，最上一步架子顺水距装饰装修物下皮1.7米；安装天花梁枋时，最上一步架子顺水距离梁枋下皮1.2米；裱糊顶棚时，最上一步架子顺水应距顶棚下皮1.4—1.6米。在定好最上一步顺水高度后，其他顺水从上往下返，间距1.7米，最下一步可大于1.7米。搭设时，面阔方向顺水在下，进深方向顺水在上；四周顺水大头朝外，距建筑物内墙面及门窗内面不小于10厘米。顺水一般绑在立杆朝向建筑物中央一侧；如建筑物内柱子需装修、装饰时，围绕柱子的各排架子顺水应绑在立杆朝向柱子一侧。

满堂红架子四周的立杆应距建筑物内墙面及门窗内面50厘米以内。满堂红架子围绕建筑物内柱子的立杆，一般应距柱中1米以内。立杆的间距不超过2米。立杆的高度以超过最上一步顺水30厘米为宜；如需接杆，上边一根应大头朝上。

满堂红架子四周要打抱角开口戗和中间背口戗；进深方向间隔四五排架子也要打一捧开口戗和背口戗；面阔方向酌情考虑架子间隔可打一至两捧开口戗和背口戗。

搭设架子前，应按测定位置在建筑物内地面上画好架子立杆的标记，并准备好标有各步顺水高度的丈杆。

搭设架子时，先支搭四周一圈的架子。可在角上先支趴戗，借以绑好并稳住角上的立杆。然后，按测定位置靠建筑物四围立起立杆。再按一根顺水的长度，对应立杆支趴戗，绑好立杆，再在这两根立好的立杆之间绑好两道顺水，接着绑好这两道顺水长度内的其他立杆。按这种具体方法，一面一面地支起立杆，搭好一面，及时打好临时压角开口戗及背口戗。然后，按预定高度绑好四周架子，并及时打好正式戗。

四周架子搭好后，搭中间的架子。一般是按面阔方向，从一边开始，一排一排地搭。具体做法，先在周边进深方向架子对应的立杆上绑顺水杆，再按这条顺水的长度，绑好预定位置上的立杆，并将这根立杆与相邻的周边面阔方向架子对应的立杆用木杆连接，做临时固定。然后，再在这根立杆和进深方向架子那根对应的立杆之间绑第二道顺水，接着绑好这两道顺水长度内的其他立杆。这样推着走，在立起立杆的同时绑好两道顺水，再往上绑好整排架子，并且每绑一步，都要及时用木杆和周边面阔方向架子的立杆做好临时固定。绑好一排架子后，依次绑另一排架子。在这个过程中，从绑中间第二排架子开始，就可以顺带着绑进深方向的顺水，也就是说，可以"纵横交错"地绑顺水，既加快绑扎进度，又随之增强了架子的稳定性。再有，还要按照预定要求，及时打好正式的支戗。

　　架子搭好后，铺脚手板。一般"花铺"即可，就是隔一块铺一块。板头要绑牢，排木间距 1 米。顶步脚手板按面阔方向铺设，最好铺对头板。四周脚手板铺好后，在立杆朝建筑物中间一侧绑两道护身栏。建筑物柱子四周的脚手板铺好后，在立杆朝柱子一侧绑两道护身栏。上一道护身栏距脚手板上皮 1.1 米。

第二节　掏空架子营造技艺

　　掏空架子是指建筑物檐下或廊步内的装饰、装修架子，如图 6.2-1、图 6.2-2 所示，主要作用是解决油漆作、彩画作对于脚手空间的需求。

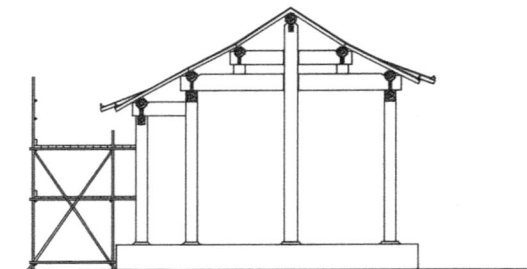

图 6.2-1　椽、望架子

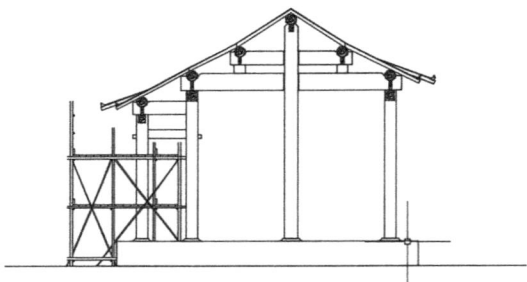

图 6.2-2　廊步掏空与油活椽、望架子

由于油漆作，特别是彩画作对脚手空间高度的要求比较高，所以，掏空架子搭设时，要特别注意这样几个"1.7 米"：檐头到脚手板应为 1.7 米；椽、望与檐檩交接处到脚手板应为 1.7 米；椽、望与下金檩交接处到脚手板应为 1.7 米。根据这几个"1.7米"，还要同时考虑相关枋、梁及斗拱等装饰、装修需要，再考虑到脚手板和排木的尺寸，确定掏空架子关键几步的顺水高度，再以檐头那步为基础往下返，顺水间距 1.7 米排列。

立杆距檐头外应不小于 50 厘米，距檐柱和金柱也应不小于50 厘米。立杆间距控制在 2 米以内。

檐头外大面照常打抱角开口戗和中间的背口戗。其余一般按廊步各个开间，分别对应各个开间内角的立杆，在最高那步顺水处打开口戗及进深戗；如最高那步顺水能够连通各开间，则不用每个开间打开口戗，只需要在靠近金柱的那排立杆打抱角开口戗和中间背口戗就可以了。

搭设架子前，应在地面做好立杆标记，并且画好标有顺水高度的丈杆。搭设架子时，从里向外，先搭最里边靠近金柱的那排架子。先按标记立起立杆，用临时支戗稳定住角上的那根立杆；再按一根顺水的长度，用临时支戗稳定一根立杆；然后按预定高度，用两步顺水连接这两根立杆，顺水绑在立杆朝向建筑物外的一侧；随即绑好这两根顺水之间的其他立杆，压上临时开口戗；以此类推，绑好整排架子，直至顶步顺水，并打好面阔方向的戗，戗打在立杆朝建筑物里的一侧。搭好这排架子后，拐过头来搭侧面最边上的一排架子，按预定位置立起立杆，顺水绑在里边一排架子顺水的上面，绑在立杆朝向建筑物中间的一侧，还要及时打好临时戗，保持架子稳定。搭这排架子时，可以连带着顺序搭面阔方向的其他几排架子。檐柱内侧那排架子的顺水一般绑在立杆朝向金柱一侧，檐头外那排架子的顺水绑在立杆朝向建筑物一侧；檐柱外侧如需绑一排架子的话，顺水一般绑在立杆朝向檐头一侧。接着绑面阔方向的几排架子，同时绑进深方向的其他各排架子，借此把整个架子串联起来，形成稳固的整体。进深方向架子的顺水，柱子两侧的，一般都在立杆朝向柱子一侧；其他的都在立杆朝向建筑物中间一侧。绑起一排架子，就要按要求打好正式的支戗。脚手板可以隔一块铺一块，并且严格按照规定，在相关部位绑好护身栏。

第三节 亭廊装饰装修架子营造技艺

亭廊装饰装修架子如图 6.3-1、图 6.3-2 所示，主要是指在亭廊专为油漆彩画搭设的架子。

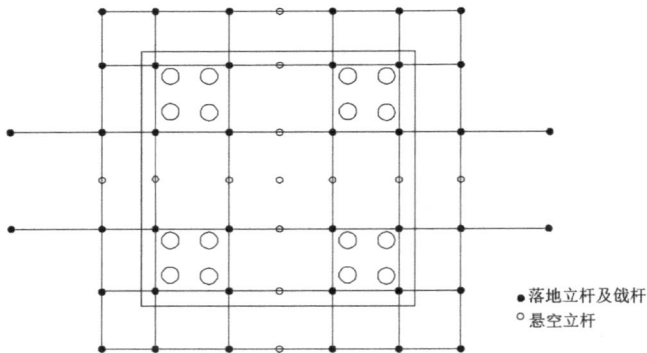

●落地立杆及戗杆
○悬空立杆

图 6.3-1 亭廊装饰架子 平面

图 6.3-2 亭廊装饰架子 剖面

与掏空架子相似，亭廊架子也要满足油漆彩画作在营造过程中对架子的要求。具体在高度方面，檐头，檐檩与椽、望交接处，亭廊内顶部椽、望下皮，这三个部位距铺设的脚手板应在1.7 米以内。此外，还要同时考虑相关构件油漆彩画的需要，架子搭设不应对其产生不利的影响，以此确定亭廊架子关键几步的顺水高度。总的基准步是檐头那步，从这步往下返，顺水间距在1.7 米以内排列。

亭廊外檐架子立杆与檐头间距不小于 50 厘米。架子立杆与亭廊柱子之间也应不小于 50 厘米间距。架子立杆相互间距应在 2 米以内。

架子四围都要打抱角戗，长廊大面架子要视情况打背口戗，还要每隔 2—3 根立杆或按每开间打进深戗。

铺设脚手板，排木间距 1.5 米以内；护身栏两道，间距 50 厘米以内。

搭设架子先从亭廊外围开始。一般见多角、多边形状的亭廊，对着各个角外延的夹角中线设置架子角上的立杆；圆形亭子，根据直径大小按照六边形或八边形搭架子，设置架子角上的立杆；其余立杆按照有关要求排列。

圆亭按六边形或八边形搭架子，应预先测算，按圆亭外围留出架子出檐头的尺寸，根据亭子朝向定好正、背、侧面，用正方形将圆亭框起来。具体方法见第八章第四节有关内容。

搭设亭廊外排架子时，应先在地面做好立杆位置标记，备好标有顺水高度的丈杆。竖起立杆时，可支搭临时支撑或与亭廊柱子临时连接；顺水绑在立杆里侧，遇有亭廊出入口时，顺水如影响正常出入，应先绑临时性顺水，以后视情况进行适当的调整。绑顺水时，长廊架子正、背面顺水在下，侧面顺水在上；亭廊架子，从正面架子绑起，顺水一面下、一面上交替。绑扎架子过程中，随时跟上临时支撑，外排架子绑够高度后，及时打好正式戗。

外排架子搭好后，从檐头向里，根据实际情况确定再搭几排架子。各排架子间距在 2 米以内；架子立杆距亭廊檐柱及金柱应不小于 50 厘米，水平距亭廊内顶部不小于 50 厘米，同时要注意避开亭廊的梁、檩。

亭廊的里排架子，檐柱外的那排应随着外排架子，顺水按里外排架子间距，平行于本面外排架子，和两个邻面外排架子同步顺水连接；立杆与外排立杆相对应，绑在顺水里侧。檐柱内的架子，要保证檐柱等内侧装饰的需要，顺水绑在朝向檐柱一侧，平行于外排架子，与相邻两面檐柱外那排架子的顺水连接；立杆也要和外排架子立杆相对应。如果有金柱，那么，金柱内外的架子也要这样搭设。再向里的架子，要随着亭子内的梁的走向设置，即在梁的两侧都要搭上架子。这样，有时就不能平行于外围架子，必须依梁而定，在亭子内再套出其他平面形状的架子。搭设这种架子时，顺水要与外围架子同步顺水连接，立杆在顺水外侧。

亭廊重檐部分架子应在头层檐架子的基础上搭设，事先将头层檐架子立杆绑到檐头瓦面以上 30 厘米高度；再用横木在立杆里侧、顶端以下 15 厘米处将立杆连在一起；以这条横木为准，向屋面放置持杆；持杆在立杆朝向亭廊中央一侧，与立杆及横杆绑牢，向上与在屋面上放置的爬杆绑牢；爬杆紧贴屋面，在持杆交叉点即重檐架子立杆的位置；因此，屋面上爬杆应有两道以上，分别对应里、外排重檐架子。在屋面持杆的基础上，按事先测算竖起重檐架子的立杆。里排架子的立杆竖起时可以用临时支戗固定；外排架子的立杆，竖立时可以用排木与里排爬杆连接。一边竖起立杆，一边用顺水将立杆连接起来，并随之用临时戗加以固定。架子绑够高度后，及时打好正式戗。外排架子大面打抱角开口戗，还要对应头层檐外排架子打背口戗。另外，还要对应头层檐架子，每隔 2—3 根立杆或每开间打进深戗。戗顶端在重檐架子最上步顺水下皮与立杆绑牢，戗底端拉出 60 度以上角度，与屋面持杆或头层檐架子立杆绑牢。

第四节　抹灰架子营造技艺

抹灰架子专门用于墙面抹灰，一般采用双排架子，形式如图 6.4-1 所示。

抹灰架子顺水每步高度为 1.7 米，从顶步向下返，余出尺寸留到最下一步；架子立杆间距 2 米，里排立杆距墙 30 厘米，两排立杆相距 1 米；排木间距 1.5 米以内，排木端头距墙 10 厘米；架子大面两头打开口戗，中间打背口戗；架子两头立杆绑进深戗，绑在外排架子的立杆上，中间每隔 3—4 根立杆也要绑一捧进深戗。

搭架子之前应在地面画好立杆标记并准备好标有顺水高度的丈杆。搭架子时，里排立杆可以先靠墙立好，利用临时支戗先稳好最边上的一根立杆，再在立杆外侧按预定高度绑顺水，用顺水连接预定位置上的立杆，并绑好临时支戗。这样推着走，绑完里排架子再绑外排架子，外排架子顺水绑在立杆朝墙一侧，还要同时用排木把里外排架子连接起来，最后绑好正式戗，根据需要铺好各步脚手板，绑好护身栏。

有时抹灰也可以用单排架子，如图 6.4-2 所示。

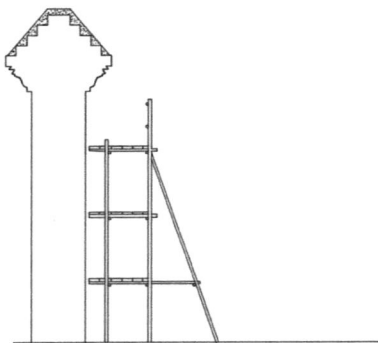

图 6.4-1　抹灰双排架子

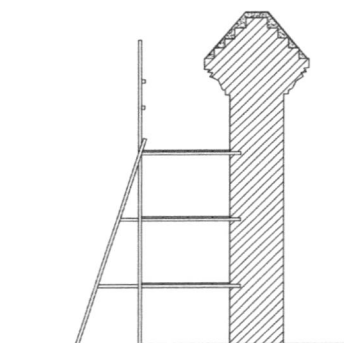

图 6.4-2　抹灰单排架子

第七章　传统建筑其他架子营造技艺

第一节　卷扬机架子营造技艺

卷扬机架子是垂直运输料具常用的一种架子，通过卷扬机拉升吊篮，把料具运输到预定位置。

常见的卷扬机架子，如图 7.1–1 所示，平面为 3—4 米宽，5—6 米长，宽面对着建筑物或其外围架子的出入料口。卷扬机架子长面外围立杆间距为 1.7—2 米，宽面外围立杆间距在 2 米以内。依附外围架子搭设时，宽面出入料口应正对建筑物外围架子两根立杆之间的一个空当，再视情况在这两根立杆旁 1 米左右分别加一根立杆，作为卷扬机架子靠建筑物方向角上的两根立杆；宽面另一头角上即为与长面共用的两根立杆，在这两根立杆之间还要加上一根立杆。

卷扬机架子的顺水高度间距，有建筑物外围架子的，与外围架子顺水的高度间距相同；没有外围架子的，顺水高度间距按 1.7 米考虑。依附外围架子搭设时，卷扬机架子宽面的顺水在下，长面的顺水在上，直接搭到建筑物外围架子顺水的上面。排木间距 1 米；平台通道满铺脚手板，依附外围架子时，先铺宽面，再铺长面；除出入料口外，其他三面都要绑两道护身栏，上道护身栏距脚手板 1.1 米。

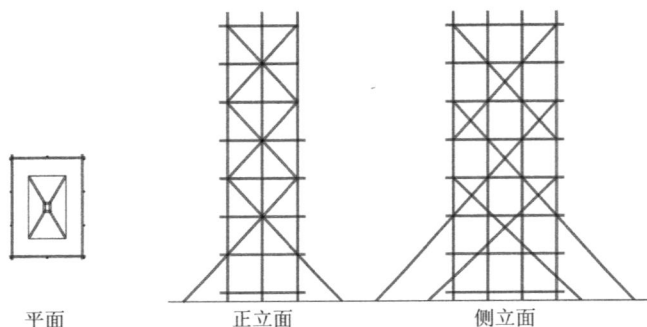

平面　　　　　正立面　　　　　侧立面

图 7.1-1　卷扬机井字起重机

卷扬机平面内部，吊篮位置居中，吊篮四周为各不小于 1 米宽的平台走道。在吊篮前后的顺水与吊篮间距 5—10 厘米，吊篮左右的顺水与吊篮间距 20 厘米，为安装吊篮滑道留出余量。在吊篮左右的顺水外侧，对着卷扬机长面的立杆绑立杆。

卷扬机架子顶部应高于最上一步平台走道 5 米以上，长面顺水要绑双笔管，在它上面安放天轮木，设置天轮，穿绳索，用以提升吊篮。

卷扬机架子对外围的戗要求比较高。由于卷扬机架子有长面、宽面之分，打戗要长、宽面相互照顾，也就是说，长、宽面戗的角度要相互迁就一些，长面的偏"坦"，宽面的偏"陡"，但还是要以宽面为主，因为宽面是正面。如宽面 4 米，那么，按照三七戗比例，戗头高度应达到 9.3 米，按 1.7 米一步顺水，就是五步半顺水的高度。这样，我们可以按五步顺水的高度计算，为 8.5 米，再加上戗头要高过顺水 30 厘米，顶在立杆上，戗头实际计算高度为 8.8 米，还在三七戗比例范围之内。再计算长面。如长面 6 米，那么，和戗头 8.8 米的比例为 4∶5.87，接近四六戗比例。由此，我们可以得出结果是五步顺水高度打一捧戗。具体还要考虑卷扬机架子总的顺水步数，从上往下返，两捧戗之间还要"绞"一步或两步，即下一捧戗的戗头要比上一捧戗的下脚高过一步或两步顺水，这样算出戗的总捧数。

戗的总捧数计算公式为：

$$P\cdots\cdots Y=（Z-J）/（S-J）$$

式中，P 为总的捧数，Y 为余出的顺水步数，Z 为总的顺水步数，S 为每捧的顺水步数，J 为两捧戗之间"绞"的步数。

例 1：假定 Z（总的顺水步数）为 10，S（每捧的顺水步数）为 5，J（两捧戗之间"绞"的步数）为 1，导入公式：

$$P\cdots\cdots Y=（10-1）/（5-1）$$
$$=9/4$$
$$=2\cdots\cdots 1$$

即 P（总的捧数）为 2，Y（余出的顺水步数）为 1。

由此可知，总共打两捧戗：最下一捧戗要从第一步顺水瞄到第六步顺水，下脚拉到地面；第二捧戗从第六步顺水向下"绞"一步，从第五步顺水瞄到顶，即第十步顺水。如图 7.1-2 所示。

例 2：如上例其他条件不变，只是 J（两捧戗之间"绞"的步数）改为 2，那么，导入公式：

$$P\cdots\cdots Y=（10-2）/（5-2）$$
$$=8/3$$
$$=2\cdots\cdots 2$$

即 P（总的捧数）为 2，Y（余出的顺水步数）为 2。

由此可知，总共打两捧戗：最下一捧戗要从第二步顺水瞄到第七步顺水，下脚拉到地面；第二捧戗从第七步顺水向下"绞"两步，从第五步顺水瞄到顶，即第十步顺水，如图 7.1–3 所示。

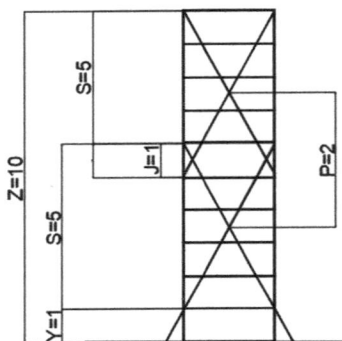

图 7.1–2　戗的计算 例 1　　　　　　图 7.1–3　戗的计算 例 2

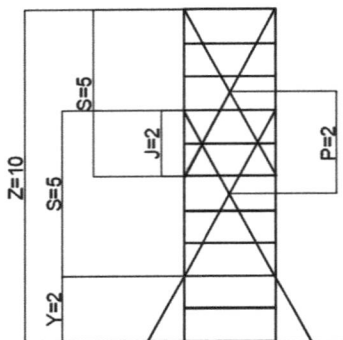

另外，为增强卷扬机架子的稳定性，往往将第二捧戗的下脚也落到地面，尤其是卷扬机架子外侧的宽面，也就是正面，更是如此。戗下脚拉出部分，要和卷扬机架子相应每步顺水用木杆连接好。最上边平台马道那步，应从卷扬机架子的两个外角，用木杆成 45 度，和建筑物外围架子连接起来。不依附建筑物外围架子搭设的卷扬机架子，第二捧戗必须落到地面，并尽可能地将卷扬机架子与建筑物本身连接起来。

搭架子前，应根据吊篮大小和其他要求确定卷扬机架子平面尺寸，根据料具提升需求及其他具体情况确定卷扬机架子高度和总的顺水步数，以此计算戗的总捧数及戗的打法，并在地面画好立杆标记，做好标有顺水高度的丈杆。

搭架子时，先搭外围，里边可以随着搭，一般是最后再搭。架子角上的立杆用挖坑或者临时支戗的方法稳定住，用两道顺水连接并打好临时压戗。然后立起其间的立杆，需要挖坑的必须挖坑。架子外侧宽面中间的立杆先不用立，因为这根立杆为进料方便要悬起来。底下两步绑好后，打好临时支撑戗，继续向上搭设。在搭设过程中，架子里侧宽面中间立杆如对着出入料口，也要悬起来。随着架子逐步向上增高，按照预先测定，及时跟上打正式的外围戗。

搭设卷扬机架子的里边时，要特别注意吊篮两侧立杆必须保持顺直，保证符合与吊篮的间距要求。

第二节　上人之字马道架子营造技艺

上人之字马道架子是依附建筑物外架子搭设的一种架子，为人员上下提供方便，如图 7.2-1 所示。

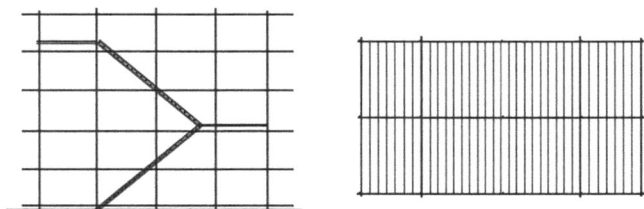

图 7.2-1　上人之字马道架子

搭设上人之字马道架子，首先需要考虑按照外架子的使用需求在哪些高度设置出入料口。如砌筑架子，就应该按每步 1.2 米高设置出入料口；而大多架子的出入料口，可以按每步 1.7 米高设置。再有，还应考虑马道的坡度不能太大，而且占地面积也不能太大。所以，总的安排是：马道架子的长约 6—8 米，大致对应外架子的 4 个柱当，马道架子的宽不小于 2 米，马道架子的顺水间距与外架子相同。

根据总的安排，在预定的马道架子的位置，对应外架子的 4 个柱当，距外架子不小于 2 米，首先竖立马道架子外角的两根立杆；接着，按照外架子的排木步高，用木杆把这两根立杆和对应的外架子的立杆连接起来；然后，在这两根木杆下用顺水连接马道架子角上的两根立杆。照这样绑起两步顺水和横杆后，立起两个角上立杆之间的 3 根立杆，以及两个角上立杆与对应外架子立杆之间的那根立杆，及时打好临时支撑；随后，继续向上绑到预定高度，打好三面的正式戗。

上人之字马道架子外围绑完后，进行里面的搭设。一般来讲，马道架子平面的前后要隔步铺设宽度 1 米以上的平台，用于与出入料口连接及马道转向；马道架子平面中间左右两分，各铺设约 1 米宽的马道，之字递升，连接前后两端隔步铺设的平台。

里面的搭设，也要经过测算，将马道的坡度控制在高度和水平长度比例 1∶3 的范围内。如果是砌筑架子的上人马道架子，基本上对应的是外架子 1.5 米间距的 4 个柱当，约 6 米，顺水间距为 1.2 米。这样，马道每"跑"高度按 1.2 米搭设，要是铺 4 米板，相应水平长度约为 3.8 米。所以，马道架子前后两端的平台宽度应大于（6-3.8）/2=1.1 米，可按 1.2 米铺设。这就是说，马道架子前后两端要分别自角上的立杆向里 1.2 米左右绑横木，架在马道架子和外架子的顺水上，作为马道龙木的承载楞木，即"废木"。如果是其他架子的上人马道架子，对应的是外架子 2 米间距的 4 个柱当，约 8 米，顺水间距为 1.7 米。这样，马道每

"跑"高度按 1.7 米搭设，要是铺 6 米板，相应水平长度约为 5.8 米。所以，马道架子前后两端的平台宽度应大于（8-5.8）/2=1.1 米，可按 1.2 米铺设。这就是说，马道架子前后两端也要分别自角上的立杆向里 1.2 米左右绑横木，架在马道架子和外架子的顺水上，作为马道龙木的承载楞木，即"废木"。

具体进行马道架子里面的搭设，即按照测算，依顺水步数，从下向上绑扎对应出入料口的横楞木，并将龙木绑在相邻两步顺水的横楞木上。绑龙木，先绑靠马道架子外排架子的两根龙木，再绑靠里排即建筑物外架子的两根龙木，之字向上递升。龙木两根并列相距约 1 米，靠近马道外围架子的龙木，直接和相交的顺水或立杆绑扎；靠中间的龙木，还要用竖立起立杆的方法给以支撑。中间的立杆可分别立在前后两端横楞木的中点，然后，按间距不大于 2 米，在这两根立杆之间竖立 1—2 根立杆，用以绑扎龙木。平台和马道都要满铺板，排木间距 1 米。护身栏应绑双道，马道两侧都要绑护身栏。马道脚手板必须和排木绑扎缚实，而且还要按照 25 厘米间隔钉好防滑条。

第三节　上人、运输一字马道架子营造技艺

上人、运输一字马道架子也是常用的马道架子，利用马道，能够直接从地面通向高位操作空间，或将两个不同标高的操作空间连接起来，如图 7.3-1 所示。

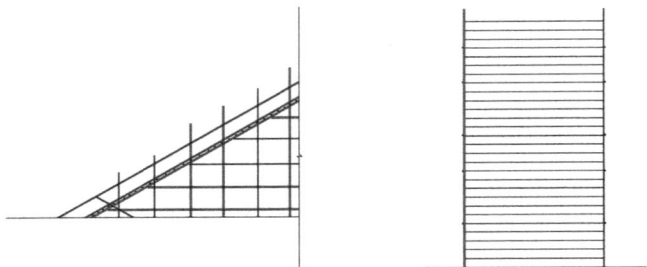

图 7.3-1 上人、运输一字马道架子

由于用途及承载的差别，上人、运输一字马道架子也存在着不同之处。

一是马道的宽度不同。上人马道一般 1.2 米宽就足以满足使用要求。运输马道则需根据运输物情况决定搭设宽度，起码要在 2 米以上。

二是马道的坡度不同。上人马道一般按高度和水平长度 1∶3 的比例考虑。运输马道起码应按 1∶4 的比例考虑，许多重物运输往往要求马道坡度更缓一些，要 1∶5，甚至 1∶6。

三是马道的杆件要求不同。上人马道立杆间距在 2 米以内，顺水间距在 1.7 米以内，排木间距在 1.5 米以内。运输马道立杆间距起码在 1.5 米以内，视情况还有在 1 米以内的，甚至双笔管的；运输马道顺水间距要在 1.2 米以内；排木间距必须在 1 米以内。上人马道一般只需要两根龙木，而运输马道则要随着纵向的每排架子设置龙木。上人马道一般只需要在横向最高位的那排架子上打进深戗，而运输马道则要横向每隔 1—2 排架子打一捧进深戗。

一字马道架子一般都是纵向直接对着高位操作空间设置。搭设前，应根据架子用途并结合现场情况，确定架子马道高点的标高，以及架子马道的宽度、坡度，准备合适的支搭杆件，还要在现场做好立杆的标记。

搭设时，先竖立马道架子高点一头的立杆，如果不止是马道横向的两边有立杆，那么中间的立杆高度一定不能超过马道的排木上皮的高度。立杆应该用挖坑或临时支戗的方法加以固定，并随即用横向顺水将这排立杆连接起来，最好能绑到马道龙木下那步顺水。这步顺水绑在立杆朝向建筑物一侧，作为龙木的"废木"。要是马道直接对着建筑物外架子搭设，那就可以省略上述这些步骤，最多按马道预定宽度，视情况对原外架子相应立杆进行适当改动即可。随后，在上边那步顺水即"废木"上绑龙木，龙木按预定坡度向下顺，同时按预定位置在龙木上绑立杆，并用横、纵向的顺水将各根立杆连接起来，形成整体。整个马道骨架搭好后，打正式戗，戗的角度按四六戗考虑。大面要从马道架子高点一头立杆的下脚向马道架子低点方向相应位置的立杆顶部打背口戗。马道架子横向的进深戗采用外抛戗的形式，从架子外侧地面打到龙木下皮，与立杆绑扎牢固。马道架子脚手板要铺满，板头要和排木绑扎结实，除特殊要求外，脚手板每隔25厘米钉防滑条。护身栏要绑两道。

第四节　上人梯子营造技艺

上人梯子是为方便上下架子而搭设的梯子，应用比较普遍。

　　上人梯子分为直对架子的和贴着架子的两大类。直对架子的，即直接对着架子的某一步搭设的梯子；贴着架子的，则是可以和架子的每一步相连接的梯子。

　　直对架子的梯子，一般适用于只在某一步需要上下的架子，特别是单排架子。这种梯子下脚拉出的长度和梯子高度的比例应在1：3以内。梯子用两根木杆做龙木，下脚稳固在地面，上头绑在需要上下架子的那一步顺水上；两根龙木间距不超过1米，龙木之间用排木绑梯子撑，梯子撑间距在30厘米以内；梯子两侧可绑扶手，扶手与龙木垂直间距80厘米，下端稳固在地面，上端与架子相关杆件绑牢。梯子高于5米，还应视情况在梯子中间加绑倒支子，倒支子下脚稳固在地面，上头和龙木及扶手绑牢。

　　贴着架子的梯子，如图7.4-1所示，常用于双排架子的外侧，满堂红架子等两排以上的架子也可以应用。

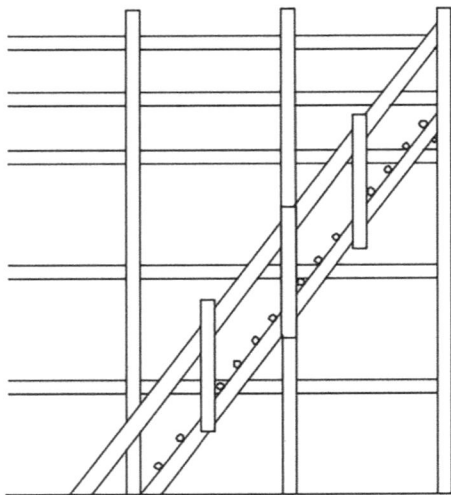

图7.4-1　上人梯子

　　双排架子外侧的梯子，一般将架子大面的开口戗或背口戗借作梯子的一根龙木；在戗的下皮从上到下每隔一步架子绑一根废木，废木绑在两排架子的顺水上，挑出 1.1 米以内的长度；在距废木挑出的端头 10 厘米左右绑梯子的另一根龙木；两根龙木之间每隔 30 厘米绑排木作梯子撑；外边龙木对应架子的立杆绑支撑立杆或斜立杆，斜立杆下脚绑在架子立杆上，倾斜比例应小于 1∶6；在外边龙木的立杆上绑梯子扶手，扶手与龙木垂直间距为 80 厘米。

　　满堂红等两排以上架子的梯子，与双排架子的梯子大体相同，可以借用架子的某一捧戗作龙木，再按双排架子梯子的搭法搭设。另外也可以在相邻两排架子上对应着分别绑龙木，在龙木之间每隔 30 厘米绑梯子撑。这样，梯子可能比较宽，但也在 2 米以内，不影响使用安全。

第五节　挑架子营造技艺

　　挑架子，即探海架子，在传统建筑搭材作中应用得非常广泛，能够在无法从地面正常竖立脚手架立杆时完成搭设，提供适用的脚手空间。

　　挑架子主要有两大类。一类是在拟定操作空间下方竖立起斜的立杆，以此支撑从里侧架子挑出的杆件，搭设形成操作空间。另一类是拟定操作空间下方没有竖立起斜立杆的条件，只好从拟定操作空间的上方去采取措施，搭设形成操作空间。

前一类挑架子，用的地方比较多。比较典型的，包括装修、装饰在重檐部分搭设的不依靠于建筑物上找支撑的架子，以及从建筑物高处窗口或其他部位探出搭设的架子，如图7.5-1所示。再有，像前述城楼倒身齐檐架子，就是一种特殊形式的挑架子；重檐齐檐架子中，头层檐角上的架子搭设，许多也是采用挑架子的方法。后一类挑架子，平常不多见。像城台悬空垂直上料平台，就具有一定的代表性。

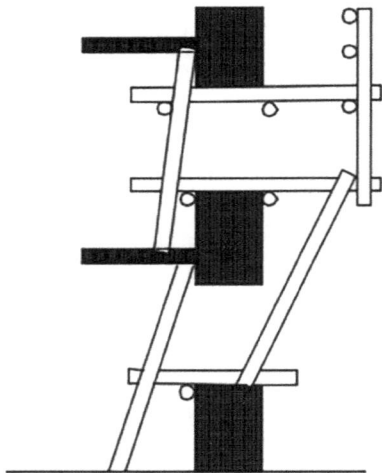

图7.5-1 挑架子

搭设挑架子，有这样几种关键性的杆件：一是从里侧架子挑出的杆件，即握杆；二是在挑出部分立起的悬空立杆，即悬接；三是支撑挑出部分杆件的斜杆，即进深戗；四是从挑出部分下方杆件到里侧架子上方杆件连接的斜杆，即提金。

搭设前一类挑架子，挑出杆件即握杆一般不超出里侧架子2米，起码要有两步，步间不大于1.7米；利用两根挑出的握杆立起悬空的立杆即悬接；在下方用斜杆即进深戗对应上一步握杆进行支撑，与悬空立杆即悬接绑扎牢固；对应下一步握杆，用一根短斜杆即提金将悬空立杆下脚与里侧的上一步架子立杆连接起来，绑扎牢固。悬接与里侧架子间距应在 1.5 米以内；在悬接上绑横杆，形成挑出的一排架子；排木间距 1.5 米以内，满铺脚手板，绑两道护身栏。挑出的架子外面要打大面开口戗及背口戗。

搭设这类挑架子时，挑出的杆件即握杆务必和里侧架子绑扎牢固。在原双排以上架子挑出的，握杆要搭过原架子两排以上立杆，与相交的立杆及横杆绑扎牢固。在建筑物高处窗口或其他部位挑出的，要在窗口或其他部位的内侧绑扎横竖杆件作为锁杆，再将握杆与锁杆绑扎牢固。另外，支撑挑出架子的进深戗下脚一定要确保稳固。与里侧原有架子连接的，应和里侧架子的相关立杆、横杆等杆件绑扎牢固。落在建筑物窗口或其他部位的，也应在窗口或其他部位设置锁杆，防止进深戗下脚位移。

搭设后一类挑架子，要在建筑物高位平面先搭架子，再从这个架子向外挑出去，搭设挑出去的那部分架子。像城台悬空上料平台等，要先在城台上搭设架子，然后从城台上将架子挑出去。

搭架子前，应进行测算。先确定挑出部分的长、宽、高形状尺寸；然后按照立杆、横杆均不超过 1.5 米的间距，算出立杆的根数和横杆的步数；继而算出其他杆件、脚手板用量；估出挑出部分自重，还要加上挑出部分承重，得出总的荷载。其中自重的估算，可综合按杆件 6 千克／米考虑。在此基础上，确定建筑物高位平面上的那部分架子如何搭设。除了在外形上要与挑出部分相衔接外，关键在于怎样平衡挑出部分的外倾力和荷载。平衡挑出部分的外倾力，可以采用杆件、绳索等与建筑物高位平面上能承受拉力的部位连接的方法。平衡挑出部分的荷载，在荷载不大的情况下，可以采用配置建筑物高位平面部分架子总自重的方法；如果荷载较大，可以加大建筑物高位平面部分配重受力点及挑出部分荷载受力点相对于支点的距离比例。这样，能够用比较少的重力或拉力平衡挑出部分的荷载。

搭设架子时，按照测算结果，先支搭建筑物高位平面部分的架子。最靠近建筑物外皮的那排立杆，起到挑出部分架子支点的作用。所有立杆的下脚都要立在木垫板上，并用扫地杆连接固定。立起立杆应从里向外进行，最里侧角上的立杆用临时三木搭支撑，按预定高度绑两道顺水，连接另一个角上的立杆，用临时戗支撑住，再立起其间的立杆；然后用相同的方法绑扎其他的立杆和顺水，并及时用临时戗加以固定；全部绑扎到预定高度后，按预先测算结果打外围戗，并做好与建筑物高位平面承受挑出部分拉力相关部位的连接。在这个过程中必须注意的是：所有朝向建筑物外侧的顺水，除直接达到挑出部分尺寸要求外，必须小头向外，根据挑出部分架子的具体尺寸要求，超出支点立杆1—2个柱当，还应向上翘起，略超水平高度，为支搭挑出部分架子做好必要的准备。

支搭挑出部分架子，先利用挑出支点立杆的顺水，按预定位置绑扎悬空立杆。为保证挑出顺水不下垂，可临时用搜紧的绳索将绑扎点与里侧架子高点连接起来，待绑好立杆后及时按预定要求打正式戗。绑立杆由里向外，注意及时用横杆临时将向外绑的各排立杆连接起来，并适时按挑出部分架子尺寸，大头向外续接顺水，然后接着绑其他的立杆，将挑出部分架子绑到预定高度，还要随着打好戗。打正式的进深戗、倒支戗以及正面的十字戗，每个节点都要绑扎得绝对牢固结实。脚手板必须满铺，护身栏绑两道。

具体到城台悬空上料平台，挑出城台多在 3 米左右，高度应控制在 5 米以内，宽度在 3 米以内。平台吊篮停放位置一般居中，围绕吊篮铺脚手板，脚手板与吊篮间距 5—8 厘米，脚手板下排木间距 1 米，护身栏绑两道。平台头朝外进深戗的下脚一定要落在城台上，与支点立杆下脚绑扎牢固；进深戗、倒支戗、十字戗与相交杆件必须绑扎牢固。探出部分外侧两根立杆下脚处，应分别用木杆成 45 度角与城台平面固定点连接。城台悬空上料平台荷载一般可按 2—3 吨考虑，外倾力一般按荷载的 2/3 考虑，可以按此选择城台平面适当的固定部位，进行有效的处理，从而平衡平台的荷载、外倾力。

第六节 吊架子营造技艺

吊架子，就是从建筑物某高处自上向下搭设的架子，好像吊在空中，这种架子多在建筑物维修或"找补活儿"时使用，如图 7.6–1 所示。

这种架子和挑架子的相同之处，就是它们下面都没有立杆，都探出建筑物之外。只不过，吊架子选择了和挑架子相反的方向，即挑架子是向上搭，而吊架子是向下搭。吊架子一般承重不

是很大，要求的操作空间也不是很大，探出建筑物多在 1—1.5 米
之间。

图 7.6-1　吊架子

搭设吊架子，关键是处理好向外探出的杆件，即握杆。

首先，探出的杆件应该足以承担吊架子的荷载。探出部分大
头直径应在 15 厘米以上，有时根据具体情况，还要使用双笔管，
实际上还经常在两步以上同时向外探出杆件作为双保险。

其次，探出的杆件一定要在建筑物之内"生根"。杆件在建
筑物之内与探出部分的长度之比应大于 3：1，并且利用建筑物之
内的固定物将杆件绑牢，或者在建筑物之内对杆件压好足以平衡
吊架子荷载的配重。在建筑物高处窗口或其他部位探出的，可以
将锁杆紧贴窗口或其他部位内侧，与探出的杆件绑扎牢固，防止
探出的杆件外移；同时用竖锁杆顶住建筑物内高位固定物，与探
出的杆件绑扎牢固，防止探出的杆件下倾。

再有，探出的杆件间距应在 1.5 米以内；如两步以上探出，
步与步间距应在 1.5 米以内；在建筑物之内连接各步的立杆间距

也应在 1.5 米以内，建筑物外皮内侧要有立杆作为吊架子的支点立杆；各组杆件在建筑物之内要用横杆依每步、每根立杆进行连接，绑扎牢固，并且打好支戗。

处理好探出的杆件，就可以从探出的杆件向下绑垂吊的立杆即吊杆。里排吊杆与建筑物外皮间距 20 厘米，外排吊杆与里排吊杆间距 1 米左右。然后按照预定高度在吊杆上绑横杆，在横杆之上绑排木连接里、外排垂吊立杆，排木要顶在建筑物外皮上；横杆间距在 1.7 米以内。脚手板要满铺，排木间距在 1 米以内，护身栏要绑两道。

探出的部分打戗，正面用开口戗或十字戗，两个侧面用剪刀戗。侧面戗，头朝里的先打，要连接外排立杆下脚和建筑物外皮内侧的立杆；头朝外的后打，与头朝里的对应即可。

绑扎探出部分的吊架子，对搭材作匠人有极高的技艺要求。此外，还可以采用另一种方法，就是在建筑物高位内侧先按要求绑好将垂吊的里排架子，长度应限于一根顺水范围内，然后用绳索拴牢，下放至预定位置，再和探出的杆件绑牢，以此类推，绑好里排架子。外排架子也可以这样绑扎，绑好后，绑两排架子之间的排木及架子的外围戗。

第七节　护头棚架子营造技艺

护头棚多用在建筑物的出入口以及现场的人员通道，用以阻挡高处坠物，起到保护作用，如图 7.7-1 所示。

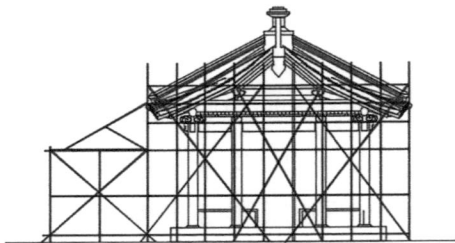

图 7.7-1　护头棚

护头棚的高度一般都在 2 米以上。在依附原有架子搭设时，为搭设方便及美观，往往在符合 2 米以上高度的条件下，同原架子的某一步等高。

护头棚的宽度应满足建筑物的出入口或现场人员通道使用需要，一般应在 2 米以上。依附原有架子搭设时，应在符合宽度条件下，与原架子的若干个柱当等宽。

护头棚在建筑物出入口处，长度应不小于 3 米，并应全部覆盖人员通道。

护头棚立杆间距在 2 米以内，顺水间距在 1.7 米以内。出入口护头棚的两侧及正面均应打背口戗。人员通道两侧打开口戗，两头打背口戗。护头棚顶部横向铺檩，间距在 1.5 米以内。檩上纵向铺板，可以花铺。板上铺遮苫物，上钉木条与板固定。

建筑物出入口护头棚如不宜使用立杆，则在搭设时先用临时立杆，再从顶步外侧两角用斜拉杆与原架子连接，角度应在 45 度以上。

第八节　临时棚舍营造技艺

传统建筑营造中匠人休息及料具存放的场所，常常采用临时搭建的棚舍；另外，其他场合也经常需要搭建一些临时棚子。这些棚舍用木杆绑扎骨架，用席子等围挡四周及遮苫棚顶，既经济实用，又牢固美观。

棚舍的开间和进深可以根据需要确定。一般连间的棚舍开间在 4 米以内，独间的棚舍开间在 6 米以内。在中间不设立杆的条件下，一般平顶的棚舍进深在 6 米以内，起脊的棚舍进深可达10 米。

棚舍的高度根据需要而定。一般起脊棚舍的前后檐立杆高度在 3 米左右；平顶棚舍顶部要留一定坡度，前檐立杆应高于后檐立杆，高度在 3 米以上。

棚舍的立杆要用挖坑等方式固定，并且一定要绑扫地杆。顺水一般绑在立杆以外，面阔方向的顺水在下，进深方向的顺水在上；顺水应让开窗口、门口的位置，间距不超过 1.5 米。平顶棚舍进深方向的顶部顺水应前后各出檐 1 米以上，起脊棚舍中间进深方向的顶步顺水同时是屋架的下弦即底柁，支搭方法另述。

棚舍四角都要打背口戗，而不是开口戗。连间棚舍每间进深方向都要打背口戗；面阔方向间数超过 5 间时，在中间加打开口戗及背口戗，但居中一间如需打戗，则必须为背口戗。

平顶棚舍，也叫一坡水棚舍，如图 7.8-1 所示，在顶步进深方向顺水上绑楞，即檩条。前后檐檩条绑在出檐顺水端头以内 5 厘米处，其余檩条按间距 1 米排列，与下面的顺水绑扎牢固。一般在檩条下还要加设平行于进深方向顺水的木杆，按间距不超过 2 米排放，与面阔方向的顺水及檩条绑扎牢固。

起脊棚舍，如图 7.8-2 所示，屋架的起脊高度应为跨空进深长度的 1/4。起脊屋架由一根下弦底柁、两根上弦大柁组成人字形框架；屋架正中用一根悬空立杆，即立人，连接上下弦，即底柁和大柁；立人与屋架两端之间，间隔 1.5 米左右视情况加设一根连接上下弦的悬空立杆；屋架顶和下弦之间，一般还要加一根连接两根上弦及立人的横杆，即码梁；从立人下脚分别向屋架两端支搭开口戗，用以连接上下弦；棚舍每间进深方向的背口戗要一直向上打，支撑下弦和上弦。

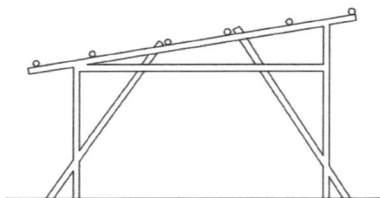

图 7.8-1 平顶棚舍　　　　　　　　图 7.8-2 起脊棚舍

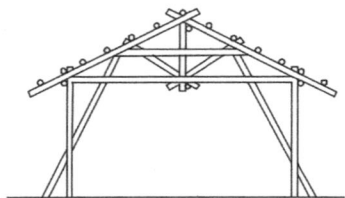

屋架与屋架之间，用一根横木连接各个屋架的下弦底柁；上弦大柁则是用间隔 1 米的檩条，即楞，连接起来。从立人下脚分别向两侧屋架方向打戗，与屋架正中的檩条连接起来。

下弦两头架在前后檐步的顺水上，贴在立杆背向棚舍中间一侧，与相应立杆绑扎牢固，两头出立杆外皮不得大于 10 厘米。除棚舍两端屋架下弦可以在山面正中由立杆支撑外，其余屋架下弦在绑扎时，都要起拱，起拱高度应为下弦长度的 1/100 至 1/50。下弦起拱，即用临时立杆将下弦中部支顶起预定高度，再将下弦两端加以固定。临时立杆要绑在下弦背向棚舍中间一侧，高度应超过屋架顶点。

下弦绑扎完后，按屋架两根上弦顶部交叉处的下皮高度，用横杆连接全部临时立杆，包括棚舍两端中间的正式立杆。然后，绑扎屋架的上弦。上弦木杆大头向上，绑在两端正式立杆背向棚舍中间一侧，临时立杆朝向棚舍中间一侧；上弦相互交叉，凸头的长度不得大于 10 厘米，两端正式立杆头不得超出上弦上支 5 厘米。上弦的小头向下，搭在下弦的端头，水平探出前后檐各 1 米，与前后檐立杆绑扎牢固。立杆头不得超出上弦上皮 10 厘米。

上弦绑扎完后，绑扎中间屋架正中的立人，以及立人到屋架两端的其他悬空立杆。立人大头向上，绑在上下弦朝向棚舍中间一侧，不得超出上弦上皮 5 厘米；其他立杆也是大头朝上，不得超出上弦 10 厘米。接着，绑扎从立人下脚分别向屋架两端方向延伸的开口戗。戗打在朝向棚舍中间一侧，大头朝上，与上弦绑扎牢固；小头朝下，与立人及下弦交接处绑扎牢固。随后，绑扎所有屋架进深方向的背口戗。戗打在朝向棚舍中间一侧，大头朝下，与地面坐实并与立杆下脚绑扎牢固；小头朝上，与上下弦绑扎牢固，不得超出上弦上皮 10 厘米。打好戗后，绑码梁。码梁绑在戗背向棚舍中间一侧，与相关的戗、立杆、上弦绑扎牢固。

屋架绑好后，在屋架上绑檩条。屋架正中的檩条架在两根上弦交叉点的上面，两山面檩条挑出不超出 1 米，檩与檩的间距在 1 米以内。从屋架正中的檩条到屋架下弦正中还要用斜戗连接；戗大头朝上，与屋架正中的檩条绑扎牢固；小头向下，与立人和下弦交接处绑扎牢固。另外，还要绑扎连接屋架下弦的横杆，横杆绑在下弦上面，与相交杆件绑扎牢固。

绑完棚舍的结构部分后，就要进行棚舍的顶部遮苫及四面围挡。

顶部遮苫，比较简单的方法是在檩条上铺木板，再在板上铺上遮苫物，如席子或油毡等，用钉木条的方法加以固定。木板可以用脚手板，花铺即可，垂直于檩条，出檐檩 10 厘米。木板上满铺遮苫物。遮苫物左右相互遮搭须超过 30 厘米；遮苫物上下遮搭，要上压下，搭接超过 30 厘米。木条顺檩条方向压住遮苫物，间隔 30 厘米以内，钉子间隔 20 厘米以内钉一个。

如果要做凉棚，就要在棚舍顶部铺苇帘等遮苫物。这样，先要根据苇帘的宽度垂直于檩条绑竹竿，竹竿有效直径应大于 2 厘米，间距 30 厘米以内，前后檐各出檐檩 10 厘米。

绑竹竿也叫绕竿，要用小连绳，顺着檩条一根一根竹竿地绑。绑之前，应根据事先测算的距离在檩条上做好竹竿位置标记，按标记码上竹竿。绑的时候从棚舍的一头开始，绳一头在竹竿朝向棚舍另一头的一边用套扣与檩条拴牢；然后，绳子另一头搭过竹竿，从檩条朝向檐头一面往下掏过来，从檩条背向檐头那面返上来；接着，再搭过竹竿，向棚舍的另一头，从檩条朝向檐头一面往下掏过来，从檩条背向檐头那面返上来，再搭过竹竿……这样绑两至三圈，在竹竿朝向棚舍另一头那面绕檩条打围脖，再在竹竿和檩条之间缠紧一圈，在竹竿朝向棚舍一头的檩条上打围脖，从檩条背向檐头那面竹竿底下将绳头拽紧，伸向下一根竹竿；然后，从下一根竹竿下面掏上来，从檩条背向檐头那面绕过竹竿，向檩条朝向檐头一面往下掏……继续绑下一根竹竿。一根小连绳用完后，接上另一根，连续绑扎，一直到棚舍另一头。

在绕好的竹竿上铺苇帘，要从一头到另一头，从上头到下头，如压茬，应不小于10厘米。铺设苇帘要倒着铺，最好不踩着苇帘。所以，一般都要将苇帘卷成卷，随着铺随着放。铺苇帘要用大麻线将苇帘和竹竿连在一起，这就需要20厘米左右长的小弯针，用它穿线，20厘米以内一针，将线压住苇帘，在竹竿上绕过来，兜一下线，再缝下一针。

临时棚舍的四周围挡，经常采用席子，好一些的是苇席，也有用秫秸席的。这就要用30厘米左右长的大弯针穿上小连绳，将席子用小连绳连接在棚舍四围的顺水上，即缝席。缝席因为需要一张一张席彼此搭接，所以压茬无论横竖都要注意整齐划一，还要遵循总的原则：上压下，北压南，西压东。用大弯针缝席，一般在棚舍里外即席子两面各有一人，以棚舍外为主，棚舍里配合穿针。按预定位置摆好席子后，用针将小连绳的一头紧贴着顺水上皮穿到棚舍里侧，绕过顺水后，从顺水下皮穿回棚舍外，用小连绳另一头在绳上打结，然后将小连绳拽紧，再按照不超过20厘米的间隔，紧贴着顺水上皮穿到棚舍里侧，绕过顺水后，从顺水下皮穿回棚舍外，兜过上一针的小连绳，再去缝下一针。一根小连绳用完后，接上另一根继续缝，接头最好赶在棚舍里侧。压茬部分，直着走针线，20厘米一针，里外双缝。缝席要注意针脚一定平直美观，大小一致。

第九节 防护棚营造技艺

防护棚是传统建筑营造过程中为保护建筑物不受损坏而搭设的临时专用棚。

对于建筑的较低部位，如台基栏杆、低位建筑等，搭设防护棚，主要是为防止高处坠物造成的损害，因此，防护棚要特别注意搭得结实。防护棚的立杆间距应在 1 米以内，顺水间距应在 1.2 米以内，棚顶、棚四周距被防护物 50 厘米以上，檩木间距在 1 米以内，檩木上铺满脚手板或木杆。防护棚支戗要相对密一些，大面戗要头脚相连，用角度陡一些的三七戗。再有，为防止灰尘污染，还要用席子等将防护棚遮挡起来。

对于一些较高档或有特殊要求的建筑及文物建筑，还要事先搭设防护棚，在防护棚的遮罩围护下进行营造。

这种防护棚的四围可结合建筑物的外排架子搭设，再加上覆盖建筑物的棚顶，就是整个的防护棚，如图 7.9–1 所示。

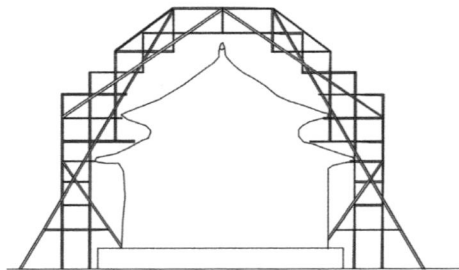

图 7.9–1　防护棚示意图

搭设这种防护棚，屋架榀数的确定应同建筑物外架子相协调，按照不超过3个柱当一榀屋架考虑。

棚顶可以针对不同情况，采用不同的形式。

一般来说，棚顶可以考虑用随坡顶形式。先将外架子长高于檐头2米以上，然后，从建筑物正、背两面外架子对应立杆分别绑杧木，随着屋面坡度搭设，按照营造要求，相交于屋脊2米以上高度。棚顶跨度在6米以内的，可以用单根木杆从里排外架子立杆直接绑杧木，杧木应大头朝上。棚顶跨度大于6米的，应采用双笔管绑杧木，或采用绑桁架的方式；绑桁架时还要将其上下弦下端分别落在外架子的里外排架子立杆上。对应每榀杧木或桁架，将外架子的进深戗直接打上来，打到杧木或桁架的上下弦。建筑物山面，应将排山架子的外排架子按棚顶架子要求，搭出棚顶的杧木或桁架上弦形状。庑殿棚顶正身搭过正吻外皮1米；然后，从两榀以上杧木或桁架下皮挑出木杆，过垂脊上方，木杆间距应在3米以内；继而，从棚顶正身顶，搭在挑出的木杆上，直到棚顶下边的角上绑斜杧木或桁架，斜杧木或桁架都要从两邻面外架子用进深戗进行支撑；山面斜杧木或桁架之间还要加设直杧木或桁架，下端绑在山面外架子上，上端绑在连接两斜杧木或桁架下皮的木杆上，木杆间距在3米以内；直杧木或桁架也要用外架子打上来的进深戗加以支撑。搭设随坡顶，大多还要在下边先搭临时架子，用以绑起杧木或桁架，待正式架子搭好后，再将下边的临时架子拆除。

除随坡顶形式外，还可以借鉴临时棚舍起脊屋架的形式。屋架下弦应高于正脊2米，屋架起脊高度与屋架跨度之比以1：4为宜。不过，这种屋架的上弦底端不用落在两面外架子上，而可以落在从下面进深戗打到屋架下弦的地方，也就是说，这才是这种屋架的实际跨度。搭设这种屋架，要先将外架子长高于正脊 2 米以上；然后从建筑物正、背面外架子对应立杆之间绑屋架下弦；再将外架子进深戗打上来，支撑屋架的下弦；再从这个位置绑屋架的上弦。然后，可按临时棚舍起脊屋架的方法绑扎立人等屋架上下弦之间的杆件，用檩连接各榀屋架，打好屋架之间的戗。搭设这种架子，大多也要先在下边搭临时架子，待正式架子搭好后，再将下边的临时架子拆除。

防护棚的骨架搭好后，需在顶部及四围加以遮护。顶部一般都要垂直于檩条绑花板，根据遮雨雪、遮阳或保温等不同需要，选用不同的遮苫物，用压木条等方式固定在顶部的花板上。四围也要根据不同需要而选用不同围挡物，用缝针等方式固定在外架子的外侧。

第八章 传统建筑搭材作匠人
所需技能及特殊要求

第一节 常用技能

作为搭材作匠人，必须具备一些初步的技能，这些技能，可以说就是搭材作匠人的"入门"本事。此外，如果再能具备一些特殊技能，搭材作匠人就会如虎添翼，成为业内的佼佼者。

一、爬架子

搭材作匠人每天上上下下架子如同家常便饭，所以每名搭材作匠人必须能够快速、安全地爬架子。

上架子。左手按住上一步顺水，右手搂住这步顺水上面的立杆，左脚面贴住这步顺水下面的立杆，全身用力往上蹿，右脚顺势踩住上一步顺水，带动全身向上，左手随着倒到右手上面的立杆上，左脚也顺势站到上一步顺水上。

下架子。右手在上、左手在下搂着立杆，左脚先从站着的这步顺水往下去，用脚底擦着顺水下的立杆往下滑，全身随着往下，左手从搂立杆到自然而然地按住原来脚踩的这步顺水，右脚快速往下踩住下一步顺水，左脚也几乎同时落在下一步顺水上。

二、站架子

在架子上正确地站立，才能自如地腾出手来进行操作。

常用的一种站立姿势是：右脚用脚内侧紧贴立杆踩在顺水上，左腿则弯起来，尽量向上，从立杆外侧盘住立杆。这样，两只手就可以完全空出来了。这种站立姿势在绑、拆架子时经常采用。

再一种常用的站立姿势是：左腿内侧紧贴立杆踩在顺水上，右脚踩在立杆另一侧的顺水上，整个身子也稍稍前倾，"亮"在柱当里。这时，左手可以扶着立杆，也可以不扶立杆而让身子完全"闪"出来。这种站立姿势在拔、放杆子或用绳索拽物时经常采用。

三、扛杆子

短途运输杆件，少不了扛杆子。扛杆子都是一个人扛，而不是两个人抬，百八十斤甚至更重的木杆，轻而易举地扛起就走。

扛杆子一般是杆子的大头朝前，一是为前头短些走着不碍事，拐弯也顺当；二是为立杆子的时候也方便。扛之前，对趴在地上的木杆要先用手抄中，找出木杆中间的平衡点；然后双手抱紧这个平衡点，胳膊、腰、腿的肌肉从放松状态突然紧张起来，以腰带着胳膊、腿一起用力，将木杆翻到肩膀上，并站立起来。这时，还可以继续调整好木杆的平衡，用一只手扶着木杆，腰始终挺住劲，小步快走，将木杆扛到指定地点。撂木杆时，应确认地面没有能够硌伤木杆的东西，再从腰上带着使劲，将木杆从肩上抖落到地上。这时，如果能用手轻轻地往下顺一下木杆，效果更好。

四、立杆子

竖立架子底部的立杆，或者把木杆往上传，都需要先把木杆立起来。

立杆子时一般都要先把木杆扛起来，大头朝前。如果是立架子底部立杆，有挖好的坑的，直接将杆子大头朝下，放入坑内；其他的杆子，大头朝下，要抵住一件固定物，比如已经立好的立杆下脚等。然后，用单手或双手撑住木杆，全身用力，双脚蹬地向前，推动杆子一下一下地立直。有时，一个人不够，还要加人，共同用力，将杆子立起来。

五、拔杆子

这是搭材作匠人特有的一种向上传送架木杆子的方式。

根据传送架木杆子拟到达的高度，从架木立起来的杆子梢头那步往上，每步站一名匠人，从下往上依次传送到拟定高度。传送时，弯下腰使身体重心向下，用右手的手掌和手腕内侧以及右大臂稍偏外侧揽住杆子，用腰带动全身使劲，向上"拔"起杆子；在杆子向上的一瞬间，再次快速弯下腰身体重心向下，揽住杆子，再向上"拔"……如此反复，直至将杆子"拔"到拟定高度。几名匠人一起拔杆子，一定要共同用力。从底下起第一下时，地面送杆子的匠人确认拔杆子的头一名匠人，即"底摔儿"已经用手臂揽住杆子后，要大喊一声："走着！"随着喊，随着猛地向上用力举、送杆子。"底摔儿"借力向上"拔"杆子，在"拔"的同时大喊："走着！"依次往上，直到最上一步"顶摔儿"匠人，无论谁，每一下向上拔杆子，都要同声大喊："走着！"这样，保证了动作整齐划一，整个拔杆子的场面也显得非常壮观。

如果向上传运的是竹竿等轻、细杆件，拔杆子的姿势就与上述不同了，需要手背朝外，虎口朝下，直接用手握住杆件向上"拔"，有点"倒拔"的意思了。

六、耍杆子

由于拔杆子一般都是在架子外侧，如果要将它放到架子里侧位置，就要把杆子"拔"到拟定高度后，由匠人改变它在架子外侧的垂直状态，将它放到里侧拟绑扎的位置。

耍杆子主要由"顶摔儿"匠人完成。"顶摔儿"接到下边传上来的杆子后，要继续向上拔，找到杆子的平衡点，最好是扛到肩上，也可以架到胳膊窝上或手上；然后，将杆子上边小头一侧向下，倒向架子里侧；将杆子下边大头一侧向上，从两根立杆之间绕到架子里侧，这时还要务必注意杆子大小头的拟放置方向，千万不能绕错。耍杆子时，应用一条腿盘住立杆，杆子在肩上时还能腾出一只手抱住立杆。杆子耍过来之后，同步顺水不同立杆位置事先站立的匠人应及时接应，将杆子放到拟绑扎的位置。

七、绑扣

搭架子必须通过绑扣使各根杆件牢固地连接起来，熟练掌握绑扣技艺，对于搭材作匠人来说就显得格外重要。

绑扣要在正确"站架子"的前提下腾出双手，准备好扎缚绳、铁丝或卡扣等绑扎材料，并可以在相应杆件上估算好拟绑扎杆件的位置，预先轻轻地带上扎缚绳或卡扣。

绑顺水时，顺水高度在 1.2 米以下，可以用盘在立杆上的腿助力托住顺水；顺水高度超过 1.2 米，就要用左手托起顺水，把顺水按在立杆上；随后，用右手进行绑扎。缠绕扎缚绳打摽时用左手的几根手指在扎缚绳与顺水间保留一定空隙，以满足摽棍转一圈、半拧紧摽扣的需要。绑铁丝扣时，左手拇指按在铁丝扣鼻子下，铁丝套住顺水绕过立杆，先将下边一头拉过来压在铁丝扣鼻子下，再将上边一头拉过来压在下边那个头的上面，要带上劲，以用钎子棍转一圈、半拧紧扣为宜。

八、瞭高

搭设架子时，瞭高匠人负责观察架子杆件的绑扎位置以及平、直等状态。

瞭高的匠人应具有较高的技艺及丰富的经验，对架子应搭成什么样子十分了解，而且还要只凭肉眼准确地掌握顺水是不是平，立杆是不是直，戗的角度是不是对。在搭设架子过程中，对每一根杆件，瞭高的匠人都要随时提醒、引导其他匠人操作，确保架子按要求搭设。

九、"撂底儿"

搭设架子时，还要有在底下专门负责指挥的匠人，如果架子规模不大，还要同时负责瞭高、选材下料甚至立杆子。

"撂底儿"匠人要将架子方案付诸实施，按预定步骤、顺序指挥绑扎架子。"撂底儿"匠人具体指挥匠人们合理分工，各就其位，各司其职。"撂底儿"指挥还要具体到使用什么规格的杆件，绑扎在什么位置，以及用什么方式传输到位。根据架子搭设进展情况，"撂底儿"匠人还须随机处置，应对自如，成为真正的指挥中枢。

十、领"梢子"

在绑顺水时，要有一名匠人专门负责掌握顺水小头，即"梢子"的高低。

这名匠人要事先站到"梢子"的预计绑扎位置，根据规定的每步顺水高度，将顺水"梢子"领到相应的大致高度位置，然后根据瞭高匠人的提示略做调整即可迅速绑扎，以加快整体绑扎速度。

十一、使撬

在大木及其他重物搬运、安装时必须使用撬棍，这是搭材作匠人一项必备的技能。

一般都要在重物下沿的使撬点 10 厘米以内放"垫儿"作为支点，撬棍支在"垫儿"上，一头置于重物底部或边缘，操纵另一头，使重物按要求移动。这种状态下使撬，主要有"扳""压"和"摇"三种方法。"扳"就是将"垫儿"放得离重物较近，撬棍立得较直，将撬棍另一头向后"扳"，使重物前移。"压"就是将撬棍另一头向下压，使重物向上抬高。"摇"就是将"压"起重物的撬棍像摇橹似的向一边"摇"，使重物向另一边移动。

在重物下地面较硬且与重物有一定间隙时，可直接将撬棍头抵住重物下地面，用撬棍头以上 10 厘米许部位贴紧重物下皮边缘，然后操纵撬棍的另一头，使重物产生位移。这种状态下使撬，主要有"抬"和"摆"两种方法。"抬"就是抬起撬棍的另一头，使重物抬高或前移。"摆"就是将"抬"起重物的撬棍向一边"摆"，使重物相应地向那边移动。

十二、插绳

搭材作使用各式绳索时，根据不同需要，经常会将两根绳索牢固地连接在一起，或将绳索弯出一个或两个套，制成"逮子绳"，这就需要插绳。

插绳主要是指插棕绳或钢丝绳。插绳要使用专门的工具——穿子，用穿子在绳的相应位置插进去，再按要求将分开股的绳头分别插进穿子插出的空隙。插绳的接头应尽量不留痕迹，这样既美观又能够方便使用。

十三、拆除

拆除架子及其他设施，看似简单，实则不易。作为搭材作匠人，只有具有较高的技艺，才能熟练、合理、快速、安全地完成各种拆除。

总的拆除步骤是：先搭的后拆，后搭的先拆；先拆上面，后拆下面；先拆外面，后拆里面；先拆附加的，后拆本身的。而且特别重要的一点就是：搭时的临时支撑，拆时还要打上。

拆除顺水，由顺水中间的匠人负责"耍杆子"，待其他匠人拆完绑扎扣以后，将顺水做下放处理。拆除上接的几撺立杆或支戗，由当时处在最上面的匠人负责"耍杆子"，待其他匠人拆完绑扎扣以后，将立杆或支戗杆件做下放处理。

在拆除现场条件允许时，搭材作匠人一般都将拆下的杆件直接从高处扔下来。扔杆件时，杆件的大头朝下，匠人手持杆件小头，用脚踢动杆件，使杆件瞄准下落点，同时放开杆件小头，做到"指哪打哪"，并且倒向指定的方向。现场条件不允许时，那就只能每步由一名匠人逐步往下送，或拴上绳索往下送。拆下的杆件，要由专人及时清理。

十四、起重机械指挥

在重物运输、提升、安装过程中，搭材作匠人必须准确无误地指挥各种起重机械。

在距离起重机械比较近、现场声音不特别嘈杂的情况下，可以直接用口令指挥；而在距离起重机械比较远、现场声音比较嘈杂的情况下，一般可以吹哨子进行指挥。必要时，还须使用特定的指挥手势。

指挥起重机械拉紧绳索时，发布口令："走"或"起"；停止拉绳索时，发布口令："停"；放松绳索时，口令是："放"或"松"。与之对应，吹哨子的哨音分别是：短促的"嘟嘟"、长长的"嘟——"和连续的"嘟嘟嘟嘟……"。如采用指挥手势，拉紧绳索时，食指向上或掌心向上示意；停止拉绳索时，手握拳或手臂向上在身前摆动；放松绳索时，食指向下或掌心向下示意。

指挥起重机械行进，对应前进、停止、倒退、左转、右转，口令可以直接发布为："走""停""倒（退）""左转""右转"。而吹哨子的哨音，除了停止时为长长的一声"嘟——"以外，其他的都是短促的一声"嘟"。因此，必须准确地配合使用指挥手势。具体来讲，指挥手势非常清楚、简洁：行进时，手掌及眉，掌心朝向起重机械行进的方向并略作晃动；停止行进时，手握拳举过头顶。

起重机械的大臂起、降、转动，可以直接发布口令。如果吹哨子，哨音也和起重机械行进时相同，即除了停止时是一声长"嘟——"以外，其他的都是一声短"嘟"。所以，还要采用特定的手势来指挥。指挥手势就是手握拳，伸出大拇指，以大拇指的指向来指挥起重机械的大臂起、降、转动；而握紧拳，就是指挥停止的手势了。

十五、爬杆

爬杆就是在竖起的杆子上自如地爬上爬下，还能做出各种花样。搭材作匠人以此提高身体素质，又将它作为一项特殊技能，借此完成难度较大甚至极大的搭材作营造事宜。

平时，搭材作匠人把爬杆当作锻炼身体的一种方式，练出点名气后还参加一些表演。杆子选用木杆或钢管，粗细以虎口能够握住为宜，高度在 6 米以内。杆子下脚在地面坐实；杆子顶绑酒瓶扣甩出四根牵引绳，分别向四角拉出，并与地面成 60 度角绑牢在锚桩上。还有为表演临时立杆子的，牵引绳安排专人挨着地面手按脚踩或缠绕在固定物上，杆子下脚放在专制的底托上。

爬杆最基本的就是顺着杆子爬上爬下。往上爬一般用干拔、踩杆、猫爬几种方式。干拔，就是只用两只手交替向上握紧杆子，带动整个身体顺着杆子上行，而且一只手拔的时候，另一只手还要与胳膊、肩等高并张开；干拔的时候，两只脚也不能叉开，必须脚尖并拢贴紧杆子。踩杆，就是两只手交替向上搂住杆子，而两只脚随着手的节奏交替踩着杆子上行，就像往上蹿，整个速度非常快，如履平地。猫爬，和踩杆类似，只是手、脚向上捯的幅度很小，每次交替甚至都是手挨手，脚挨脚，身体的重心也比踩杆低，给人轻盈的感觉。从杆子上头爬下来，一般用与往上爬相反的动作就可以了，有时也用直接下滑的方法，即两脚心夹住杆子掌握下滑速度，两手快速交替揽着杆子保持身体重心，瞬间从杆顶直落地面。

爬杆还有不少花样，像扯旗、夹旗、蹦旗、铁板桥、坐垫、挂蜡、投井、展翅……都非常漂亮。扯旗就是用两手上下握住杆子，用手臂将整个身体撑起来，与杆子成 90 度夹角，身体要笔直，双脚紧绷，脚尖并在一起。夹旗就是用一只手倒握撑住杆子，用上臂内侧和上身侧面紧紧地夹住杆子，整个身体尽量伸开打平，另一条手臂向前平举。蹿旗就是双手在杆子一侧，肩膀在杆子另一侧，用力使身体面朝上与杆子垂直，双腿向上弯曲，膝盖收于腹部，利用双腿上蹬的力量，带动整个身体顺着杆子上行。铁板桥就是一只手在身后握住杆子，腰部躺在这只手臂上，另一只手向上握住杆子，整个身体绷紧展开，脸朝上，身体垂直于杆子。坐垫就是用左腿盘住杆子，右腿盘住左脚脖子，再用右脚脖子别到杆子的另一侧，整个身体就像盘腿坐着的样子，双手还能腾出来，不用握杆子。挂蜡就是爬到杆子顶部时，双手握紧，从杆子左侧向上卷身，右腿迅速盘紧杆子，左腿伸直，身体头朝下、面朝外张开，双臂平伸。投井就是在挂蜡的基础上，从杆子上拧身，头朝下、面朝里，双腿夹紧杆子，双臂平伸，从杆子顶部滑向地面，滑的时候用双腿掌握速度。展翅就是在杆子顶部用一个绳套兜过杆子，把绳套一头从另一头穿过来拽紧，将一只脚伸进这个绳套，脚脖子别在套里，然后转身背向杆子，用另一只脚蹬住杆子，使身体尽量和地面平行，张开双臂，犹如雄鹰展翅。

爬杆不仅可以让身体强壮，可以让身体更加灵活，而且可以让胆子更大，正所谓"艺高人胆大，胆大艺更高"。

爬杆技能在搭材作营造中经常得到直接的运用。比如上上下下地爬杆子，经常要用踩杆；而猫爬用得更多，在棚舍营造时顶上横向走檩绕竿更是必用猫爬。坐垫用的场合特别多，需要在杆子高一点的位置操作时，顺杆子往上爬两步，来个坐垫，非常方便。投井可以在从杆子上面往下面位置操作时使用。在这种情况下，如果操作时间较长，一般还会使用展翅的方法，用那个绳套，套住一只脚，身体探下去操作。比如绑吊架子时，就最好能用投井和展翅了。

第二节　制定方案

根据搭材作营造的不同要求，对架子的搭拆，对大木及其他重物的运输、提升、安装等，都要制定相应的方案。

一、架子方案

首先要考虑架子的用途：干什么用，谁用。由此，考虑架子的荷载，架子所需脚手铺板的步数、高度与宽度。接着，考虑架子立杆、顺水、排木的间距并落实具体尺寸位置。然后，考虑戗的打法，大面戗、进深戗的位置、角度等。最后，还要考虑搭拆架子的危险区域设置，以及必要的防护设施。

架子的荷载。装修用架子的荷载比较小，一般只是计算架子上人员外加少许材料的重量。砌筑用架子，主要是材料的重量加大，一般静荷载就能达到 500 千克 / 平方米以上。运输、提升、安装用架子，还要考虑物件的具体重量。

脚手铺板。步数按不同架子的需要确定。铺板高度按架子需要，充分考虑距离地面或檐头及建筑物内相关顶部等因素而加以确定。

架子各种杆件的间距。先确定大的要求，再根据实际调整。立杆的间距：考虑到架子荷载将分布于杆件相交的节点上，并由连接杆件节点的绑扎扣来承担，所以，装修用立杆间距可达 2 米，而砌筑用立杆间距则要控制在 1.5 米以内，至于特种用途的立杆间距还要控制在 1 米以内。顺水的间距：考虑架子使用需要，砌筑用顺水间距要在 1.2 米以内，装修用顺水间距要在 1.7 米以内，特殊用途顺水间距另行确定。排木的间距：砌筑等荷载较大的排木间距在 1 米以内，装修等排木间距在 1.5 米以内。实际搭设架子时，立杆先定好两头的位置，中间的立杆在大的要求范围内加以调整；顺水先确定最上面那步的高度，再按大的间距要求从上往下返，"余头儿"少时可均分给其他几步，"余头儿"多时留在最下面。

打戗。戗的具体布置，应从上向下计算，即保证戗头要打在最上一步顺水的高度，然后按预定角度向下顺，以此确定戗下脚的位置。平常大面戗多用四六戗，进深戗多用三七戗。大面架子角上要打抱角的开口戗，架子长度较大时还应打背口戗，架子中间的背口戗应对准处于架子大面中央的相应立杆。一般大面戗的戗头应打在架子最上一步顺水以上 30 厘米左右的高度，顶在相应立杆上，与顺水绑扎牢固；进深戗的戗头应打在架子最上一步顺水下面，与相应立杆绑扎牢固。戗下脚用挖坑或垫板等方式在地面落实，并与相应立杆绑扎牢固。

危险区域的设置。一般将架子平面外侧的一段范围设为危险区域，其长度为架子立面高的 1.5 倍，危险区域禁止无关人员进入。

防护设施。架子下方及其 5 米范围内有需要防护物件时，必须支搭防护设施。

二、重物运输、提升、安装方案

首先要明确重物的形状、材质、重量，明确重物运输的起、终点及相关环境条件，明确重物提升的高度及地点，明确重物安装的位置、相关物的情况及其他要求。然后确定重物运输、提升、安装的途径、方式、设施、设备、工具及人员。最后，还要制定重物运输、提升、安装的相应安全措施。

针对不同形状的重物，主要应考虑运输时的支撑点、固定点，考虑提升时的绑扎绳索位置，考虑安装时的顺序及临时支撑方式。

一般的重物，可以直接平放在运输设施上，或者在重物底部边缘与运输设施之间加垫若干块小垫木，确保重物放置平稳；然后分别在重物两端用绑绳索或其他方式与运输设施固定。圆柱形的重物，与一般重物大体相同，只是需要在平放的圆柱形重物两侧与运输设施之间分别塞严若干个木楔，以防止重物滚动。形状不规则、不宜平放的重物，必须在其底部边缘垫好木垫或木楔，将重物平稳地放在运输设施上；然后用绳索或拉接木杆等，从重物四端将重物与运输设施稳固地连接在一起。

一般的重物，提升时绑扎绳索的位置应根据实际情况，从重物中心向两端取相同距离，用两根绑扎绳各自兜过重物底部，然后两根绑扎绳以不大于 60 度的角度相交于提升吊钩上，并与吊钩连接牢固。圆柱形的重物，提升时绳索应从重物拟安装位置的下端绕重物绑牢，并在重物拟安装位置的上端盘一个圈后，将绳头从绳子下掏过去，再与吊钩连接牢固。形状不规则的重物，绑扎绳应采用多点绑扎方式兜住重物，保证重物平稳，绑扎绳头与吊钩连接牢固。重物连同放置的托板或箱子一同提升，这时的绑扎绳则要兜过相应的托板或箱子，再与吊钩连接。

选择运输途径。尽量以短为佳，还必须根据重物运输起点、终点及相关环境条件，综合地势坡度、地面承载力、工作面宽度等因素。如果是长途运输还有可能涉及道路交通等更为复杂的因素。

选择运输方式。尽量用车辆运输，车辆种类包括常见的运输车辆及专用的压杆车等。过重的、特殊的重物可用底托加滚杠的方式。

选择提升方式。大体上一是用抱杆，包括两木搭、三木搭；二是用卷扬机架子；三是用马道；四是用专用架子。抱杆用途比较广泛，可以在地面上独立设置，也可以在原有架子上设置。卷扬机架子适于提升放在运输设施上的重物，且运输设施能置于卷扬机架子的吊篮之内。马道主要用于以底托加滚杠方式运输、提升的重物。专用架子视提升重物情况而搭设，如大木安装、大吻安装等即需专用架子。关于提升动力，应根据提升重量、高度等因素，选用倒链、绞磨、卷扬机或其他设备，确定滑轮组、转向滑轮、地锚及缆风绳等的设置。

选择安装方式。一是将重物提升到拟安装位置上方再下落；二是将重物提升到拟安装位置一侧再平移。条件允许时，尽量采用前一种方式。

第三节　架子搭设备料

架子搭设需要各种材料，应事先进行计算，确定具体的规格和用量；还应认真挑选，让材料达到使用要求。

材料计算的依据是架子搭设方案。按照制定好的架子方案，分别计算立杆、顺水、支戗、排木等各类杆件，以及脚手板和绑扎绳，包括摽棍等各项材料的数量及规格。

立杆。明确有几排架子，每排架子有多少根立杆，每根立杆由几撺杆件组成，几撺杆件各为什么规格。例如：搭设双排砌筑架子，长 30 米，高 10.8 米，宽 1.5 米。根据方案，每排架子 21 根立杆，里排架子 1 撺 6 米的、1 撺 7 米的，外排架子 1 撺 6 米的、1 撺 8 米的。这样，可以计算出立杆的杆件总数为：6 米杆件为 21×2=42 根，7 米杆件为 21×1=21 根，8 米杆件为 21×1=21 根。

顺水。明确有几排架子，每排架子各有多少步顺水，每步顺水由多少根杆件组成，这些杆件各为什么规格。依前例：根据方案，搭设双排架子，里排架子 9 步顺水，外排架子加两步护身栏共计为 11 步顺水，每步顺水由 5 根 7 米杆件组成。这样，可以计算出顺水的总步数为 9+11=20 步，7 米杆件的总数为 5×20=100 根。

支戗。明确有几捧开口戗，几捧背口戗，几捧压栏戗，每捧戗各由几根杆件组成，这些杆件各为什么规格。依前例：根据方案，搭设双排架子，需在外排架子大面打 2 捧开口戗、2 捧背口戗，对着外架子打 4 捧压栏戗。每捧开口戗、背口戗均由 2 根 7 米杆件组成。每捧压栏戗均由趴戗 2 根杆件、坐车立杆 1 根、倒支戗 1 根杆件及拉杆 4 根杆件组成：趴戗 2 根杆件均为 7 米；坐车立杆 1 根杆件 7 米；倒支戗 1 根杆件 7 米；4 根拉杆为 1 根 3 米，1 根 3.5 米，1 根 4 米，1 根 4.5 米。这样，可以计算出开口戗、背口戗、压栏戗的趴戗共有 2+2+4=8 根，杆件总数为 2×8=16 根，均为 7 米杆件；压栏戗的坐车立杆共有 4 根，倒支戗共有 4 根，总计 8 根，均为 7 米杆件；压栏戗的拉杆共有 4 组，杆件总数为 4×4=16 根，细分为：4 根 3 米，4 根 3.5 米，4 根 4 米，4 根 4.5 米。支戗杆件总计为：7 米杆件 24 根，4.5 米杆件 4 根，4 米杆件 4 根，3.5 米杆件 4 根，3 米杆件 4 根。

排木、脚手板。明确铺几层板，板铺多宽。依前例：根据方案，铺一层板，从下往上翻板，板铺 1.5 米宽。这样，可以计算出铺板层排木不少于 30 根，翻板用排木不少于 30/2=15 根，共计 2 米排木杆件不少于 45 根；脚手板按 20 厘米宽计算每搭 7—8 块，按 5 米长计算需不少于 6 搭 42—48 块，按 6 米计算需不少于 5 搭 35—40 块。

扎缚绳、摽棍。明确绑多少扣，继而明确扎缚绳和摽棍的数量。大面用立杆数乘以横杆数乘以排数，再加上立杆、横杆接杆每根 3 扣；戗用每经一根立杆（节点）1 扣乘以戗数，再加上戗接杆每根 3 扣，再加上压栏戗坐车拉杆每根 3 扣：排木 2 扣乘以排木数。依前例：根据方案，搭设双排架子，大面 21×9+21×11=420 扣，再加上立杆接杆每根 3 扣 21×2×3=126

扣，横杆接杆（5−1）×（11+9）×3=240扣，计786扣；戗当中开口、背口戗共4捧各经4根立杆（节点）为4×4=16扣，压栏戗4捧趴戗、4捧倒支戗各经2根立杆（节点）为2×（4+4）=16扣，再加上戗接杆3×8=24扣，压栏戗坐车拉杆3×4×4=48扣，计104扣；排木2×45=90扣。以上总计980扣。据此，按每扣用2根扎缚绳计算，应用扎缚绳1960根；按每扣用1根摽棍计算，应用摽棍980根。

经计算审核，将应用材料进行汇总。依前例，材料用量为：

8米杆件21根，7米杆件145根，6米杆件42根，4.5米杆件4根，4米杆件4根，3.5米杆件4根，3米杆件4根，2米杆件45根；总计269根。

5米脚手板42—48块或6米脚手板35—40块。

扎缚绳1960根，摽棍980根。

按照计算好的材料用量，再去认真准备各项材料。实际备料当然还要打出一定的富余量，防备可能出现的损耗。另外必须注意，各规格杆件的长度都是指有效部分。再有，计算扎缚绳、摽棍数量如大致估算的话，可按一根杆件3—4个绳扣考虑。

第四节　架子搭设场地丈量

搭设架子之前，需要按照架子搭设方案，在拟搭设场地上进行丈量，将方案平面架子立杆的位置标记在场地上，将方案立面架子顺水的间距标记在丈杆上或其他可利用的物件上。

一、总的要求

首先，场地丈量要确定架子的边角。无论是什么架子，在丈量时，一定先找出架子边角的位置，并做好标记。比如外架子，就要先按照方案，找出角上立杆的位置。再如内架子，就要按照方案，找出内角上立杆的位置，或最靠边上立杆的位置。

再者，考虑到边角立杆之间其他立杆与建筑物相关部位的对应位置要求。这里主要是指每面架子居中位置是否设置立杆，以及每面架子的各根立杆与其相对应的建筑物部位的位置关系。比如外架子居中往往要见一个空当，必须是双立杆。再如每面架子的各根立杆如要对应建筑物的立柱，必须留出足够的量，合理确定位置。

再者，对边角立杆之间其他立杆位置给以确定。这是指在满足前两项要求的前提下，按方案要求的架子立杆间距，对边角立杆之间的其他立杆位置进行必要的调节，并做好标记。比如外架子，确定了大面居中立杆的位置，确定了对应建筑物立柱的架子立杆位置，其他立杆的具体位置可以适当地调一调。

再者，考虑到外排架子立杆和里排架子立杆之间的位置要求。这就是说，确立了外排架子立杆的位置以后，里排架子立杆要对应外排架子立杆来确定位置。比如外架子，里排架子立杆就要和外排架子立杆一一对应。再如满堂红架子，里边各排架子立杆也都要对应外排架子立杆。

再者，按照方案要求，在备好的丈杆上标注第一步顺水的高度以及其余顺水的间距；如建筑物或其他临近物件宜做顺水高度参照，可以直接在上面做好标记。

二、几种常见多边形建筑物架子丈量要求

传统建筑常见有八边形、六边形等多边形结构，这些多边形建筑的架子丈量，和总的架子丈量要求基本一致，但是在确定架子的边角上，应该注意它们的特点：按照架子方案，先找出多边形架子的各条边，也就是建筑物各边外架子最外面或者里排架子最靠边那排架子的位置；然后，延伸各条边，取各条边延伸的交叉点，以此确定相应那排架子角上立杆的位置。

其实，长方形、正方形建筑的架子也是这样确定边角，只不过因为是直角，往往用不到延伸各条边使之交叉，就可以比较方便地找出角上立杆的位置。

三、圆形建筑物架子丈量要求

圆形建筑物的架子，因为搭设杆件的缘故，不易搭为真的圆形架子，一般都是套用正六边形或者正八边形架子。

（一）套用正六边形架子。针对内、外架子，采用不同的丈量方法。

1.正六边形外架子的丈量要求，可以按照这个口诀：

格方四边找准中，前后扩边加半径，中点两分五七七，两侧加宽外伸一五五。

为了便于记忆，在不要求精确的情况下，口诀可以为：

　　格方四边找准中，前后扩边加半径，中点两分添勉六（即不够六），两侧加宽外伸不到二。

　　这就是说：第一，要先将圆形建筑物从外壁格为四方形，并找好四边各自的中点。第二，按照方案要求，将前后两条边扩到外排架子的位置，并把扩边和半径的尺寸加在一起，作为进一步计算的依据。第三，从前后扩边各自的中点，按照扩边加半径的尺寸乘以 0.577（不要求精确时乘以 0.6），向两头分，这样得出前后各两个点。第四，从两侧各自的中点，按照扩边加半径的尺寸乘以 0.155（不要求精确时乘以 0.2），再加上外架子的宽，按这个尺寸沿着中心线向两头延伸，这样得出两侧的两个点。这六个点就是套用六边形外架子六个角上立杆的位置，连接这六个点，得出六条边，就是外排架子的位置。

　　例如：为一座直径 8 米的圆形建筑物搭设正六边形外架子。第一，将圆形建筑物从外壁格为四方形，并分别在四边 4 米的中点处做好标记。第二，按照方案要求，外架子宽 2 米，因此要将前后两条边各自向外扩出 2 米，并把这个 2 米加上半径的 4 米，计 6 米，作为进一步计算的依据。第三，用这个 6 米乘以 0.577，得出 3.462 米；从前后扩边各自的中点分别向两头量 3.462 米，这样得出六边形外架子前后各两个点，即前后各两个角上立杆的位置。第四，再用这个 6 米乘以 0.155，得出 0.93 米，加上外架子的宽 2 米，计 2.93 米；从两侧各自的中点，沿着中心线分别向两头量出 2.93 米，得出六边形外架子两侧的两个点，即两侧角上立杆的位置。如图 8.4–1 所示。

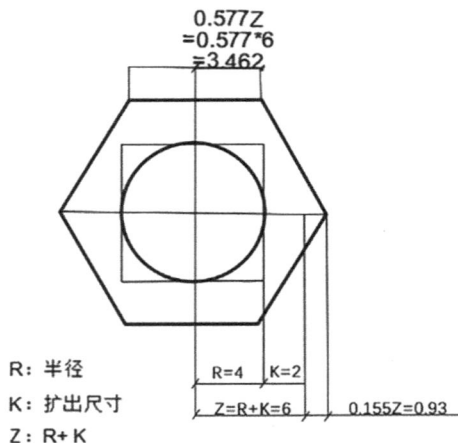

图 8.4-1 圆外套正六边形架子丈量示意图

2. 正六边形内架子的丈量要求，可以按照这个口诀：

四面找中缩半径，左右两点先确定，前后再退一三四，水平两分各五零。

为便于记忆，在不要求精确的情况下，口诀可以为：

四面找中缩半径，左右两点先确定，前后再退一个多，水平两分各五零。

这就是说：第一，要先在圆形建筑物内壁四面找好中点，连接纵横中心线；然后，按照方案要求的内架子角上立杆与建筑物内壁的距离，在建筑物内壁向里缩一定的尺寸，以此得到缩小的半径，作为进一步计算的依据。第二，沿着横中心线向里缩的两个点，就是正六边形内架子两侧角上立杆的位置。第三，用缩小的半径乘以 0.134（不要求精确时乘以 0.1），加上建筑物内壁向里缩的尺寸，用这个相加后的尺寸沿着纵中心线，从前后两头分别向里量，得到两个点。第四，从这两个点，平行于横中心线，分别向两侧量出 0.5 个缩小的半径，这样得出的四个点，就是六角形内架子前后四个角上立杆的位置。

　　例如：为一座内径 7 米的圆形建筑物搭设正六边形内架子。第一，先在圆形建筑物内壁四面找好中点，连接纵横中心线；然后，按方案要求，内架子角上立杆与建筑物内壁的距离应为 0.2 米，以此得到缩小的半径 7/2-0.2=3.3 米，作为进一步计算的依据。第二，从横中心线两端分别向里量 0.2 米，即是正六边形内架子两侧角上立杆的位置。第三，用缩小的半径 3.3×0.134+0.2≈0.64 米，沿着纵中心线前后两头分别向里量 0.64 米，得到两个点。第四，从这两个点，平行于横中心线，分别向两侧量出 0.5×3.3=1.65 米，这样得出的四个点，就是六角形内架子前后四个角上立杆的位置。如图 8.4-2 所示。

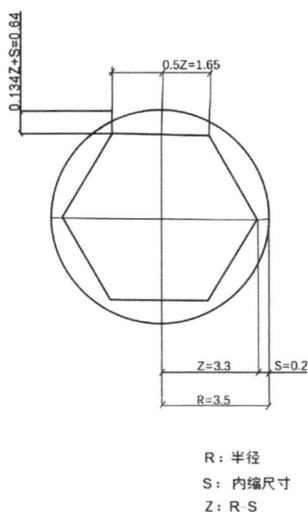

R：半径
S：内缩尺寸
Z：R-S

图 8.4-2　圆内套正六边形架子丈量示意图

（二）套用正八边形架子，也要针对内、外架子，采用不同的丈量方法。

1. 正八边形外架子的丈量要求，可以按照这个口诀：

格方扩边量尺寸，角上内返二九三（或中点两分二零七）。

为便于记忆，在不要求精确的情况下，口诀可以为：

格方扩边量尺寸，角上内返三（或中点两分二）。

这就是说：第一，要将圆形建筑物从外壁格为正方形，按照方案要求，将四条边扩到外排架子的位置，并量好外扩的边长，作为进一步计算的依据。第二，用外扩的边长乘以 0.293（不要求精确时乘以 0.3），再按这个尺寸，从外扩的四个角沿着边线各向内返，得到八个点，就是正八边形外架子八个角上立杆的位置；或用外扩的边长乘以 0.207（不要求精确时乘以 0.2），按这个尺寸，从外扩线四边中点各向两侧量，得到相同的八个点。如图 8.4-3 所示。

2. 正八边形内架子的丈量要求，可以按照这个口诀：

缩边四面找中定半径，各退零七六，水平两分三八三。

为便于记忆，在不要求精确的情况下，口诀可以为：

缩边四面找中定半径，各退一，水平两分四。

这就是说：第一，要先在圆形建筑物内壁四面找好中点，连接纵横中心线；然后，按照方案要求的内架子角上立杆与建筑物内壁的距离，在建筑物内壁向里缩一定的尺寸，以此得到缩小的半径，作为进一步计算的依据。第二，用缩小的半径乘以 0.076（不要求精确时乘以 0.1），加上建筑物内壁向里缩的尺寸，用这个相加后的尺寸沿着纵横中心线，从前后左右四头分别向里量，得到四个点。第三，从前后两个点平行于横中心线，左右两个点

平行于纵中心线，分别向两侧量出 0.383（不要求精确时为 0.4）
个缩小的半径，这样得出的八个点，就是八角形内架子前后左右
八个角上立杆的位置。如图 8.4–4 所示。

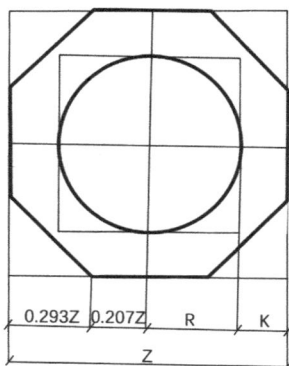

R：半径
K：扩出尺寸
Z：2（R+K)

图 8.4–3　圆外套正八边形架子
　　　　　丈量示意图

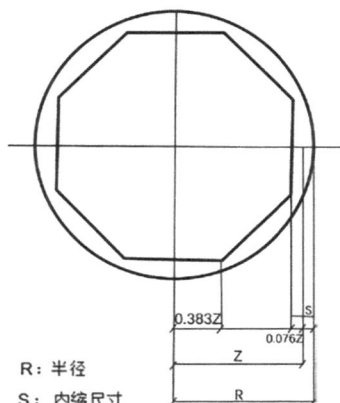

R：半径
S：内缩尺寸
Z：R–S

图 8.4–4　圆内套正八边形架子
　　　　　丈量示意图

附录　大木知了歌

一、大式建筑"大木知了歌"

1.学算房屋非易轻，殿堂楼阁房廊庭，大木口份度量衡。

注：学习房屋建造不容易，所有建筑全含括在内，大木以口份作为度量衡计算的标准。

2.城门署衙文武做，府邸宅院三四进，门脸铺面变化多。

注：官式建筑中城门衙署等建筑，根据使用性质是有文做法、武做法区别的，府邸宅院的大小最多也就三进到四进，不能违制超过宫苑。街巷中买卖家根据做买卖特色门脸铺面多种多样。

3.官作大式选材契，明间斗拱档做中，大木尺寸口份定。

注：官作大式建筑要选择材契大小，以明间尺寸为标准斗拱安排于空挡坐中，大木所有尺度构件尺寸都要以自身斗拱口份为计算衡量标准。

4.大式小做寸半斗，小式大做无斗拱，民居小式算柱径。

注：建筑上需要设置的斗拱等级较高的小型皇家官式建筑，

不能按照大式建筑斗口口份进行度量衡计算，这种"大式小做"的小型建筑建筑体量小，大木权衡要以小式计算方式计算度量衡，建筑上的斗拱一般只采用一寸半（清代一寸半约为 53mm）的斗拱，建筑面宽则以一寸半口份安排攒档，斗拱如有拽架，上下檐出则增加拽架尺寸。

"小式大作"建筑等级低于大式建筑高于小式建筑。建筑外观与"小式做法"一样无斗拱的，大木制作节点做法都应按照大式节点做法制作。

民居与"小式做法"建筑都应以檐柱径作为度量衡计算标准。

5. 大式明间找口份，斗口十一派攒档，明间宜放五七攒。

注：大式建筑是在拟定明间面宽尺寸后算出斗口口份，以十一斗口为攒档标准，建筑中明间安排斗拱攒档的数量一般不少于五个，安排七个攒档是最合适的。

6. 次间梢间减着走，廊间四尺为最小，边角闹头把零找。

注：次间、梢间安排斗拱攒档的数量一般要少于明间，可以与明间相同，或依次递减一攒斗拱，减到廊间时剩一攒斗拱两个攒档，但是当斗拱口份较小时廊间进深不得小于四尺。如果廊间与攒档尺寸不匹配时，可采取在角科斗拱上增加闹头翘的方式调整攒档尺寸。

7. 进深大小攒数定，元宝卷棚档一攒，金步脊步随架走。

注：建筑两山进深面有檐出的建筑，进深间尺寸也要以斗拱攒档的攒数计算，攒档会根据进深间的尺寸安排，山面带有正脊的建筑不要求空挡坐中，卷棚建筑中间元宝脊双桁条间距为一个攒档，檐步以上金步、脊步除了构造上需要与檐步攒档对应的，

一般屋顶内部构造根据梁步架需要调整，不追求与檐步斗拱攒档对应，屋顶内金步、脊步大小可随屋架变化调整。

8. 檐出斗口二十一，廊步口份二十二，五举拿头九五收。

注：大式建筑上檐出二十一斗口，廊步二十二斗口且不小于四尺，根据步架的数量，檐步起始应是五举，脊步最高到九五举，特殊情况下，还可将脊步举架再增加不高于四点五斗口。

9. 庑脊殿堂有推山，每步折减少一成，方角不变金脊推。

注：庑脊殿的正脊两端头要向外伸长，叫作推山，推山后两山屋面比前后檐屋面坡度陡峭，山面檐步架与前后檐步架要保持一致，90度直角（方角）不能变，推山步架只能从金步架开始缩减，每步向里按照十分之一的比例递减的方式做推山。

10. 歇山收山退山头，里收一桁博风外，山花草架向里收。

注：歇山建筑山头收山在檐柱以内叫退山头，从檐桁中向里收一桁径是博风板的外皮。博风板里面的山花板、草架柱子等构件也要随着博风板向里计算。

11. 悬山出梢挂博风，四椽四档增半档，挂搭博风半椽梢。

注：悬山两山的檩头向外加长出梢挂博风板，出梢的尺寸是自身四个椽径加四个半椽档，出梢檩头插在博风板上的檩窝深半椽。

12. 檐柱粗细六斗口，高矬六至七十斗，折算斗拱到檐口。

注：大式建筑檐柱径是六斗口，檐柱高度根据需要约在六十至七十斗口，在此基础上再加斗拱高度才能算出檐口的高度。

13. 金柱山柱里围柱，柱高十一径一份，减隔加举得全高。

注：金柱山柱里围全柱的长细比要按照自身柱高的十一分之一计算，在每步举架的基础上减去内檐斗拱或隔架斗拱的高度就

可以算出各种柱子的高度。

14. 内外额枋随梁枋，穿插由额跨空枋，三四五六定薄厚。

注：内外的额枋、随梁枋等，高六斗口，厚五斗口，穿插由额跨空枋应小于额枋，它们的截面比例一般高四至四点五斗口，厚三至三点五斗口。

15. 挑尖梁头四口份，挑尖口份五份半，身后六份是梁宽。

注：挑尖梁头宽四口份，挑尖梁头高五点五口份，挑尖梁的后身梁宽为六口份。

16. 七架梁宽七口份，梁厚长度十取一，增减雄背凭长短。

注：七架梁宽七口份，梁高不能小于跨度十分之一，按照跨度大小增减雄背。

17. 五架大梁六份宽，七份高矬不应少，同样雄背要增减。

注：五架大梁六口份，高不能少于七口份，按照跨度十分之一长细比增减雄背。

18. 太平梁架单双步，宽五高六折雄背，取材大小须排队。

注：太平梁、单步或双步梁等，截面一般是五比六的关系，根据平水的需要，高矬用雄背调整。这些梁很多都是处在其他主梁之上，截面尺寸根据主梁的比例排队缩小。

19. 桁条超长要增径，挑檐桁细三口份，正心桁粗四份半。

注：桁檩跨度大时要考虑长细比，截面适当加粗，保证结构受力需要，正心桁径的基数是四点五斗口。

20. 飞椽檐椽花架椽，椽径斗口一份半，檐大增粗十取三。

注：大式建筑各部位的椽径都是一点五斗口，一般五彩斗拱以上的檐出老檐椽为了预防檐口下垂，老檐椽在一点五口份直径的基础上在自身椽径的十分之三以内的范围适当加粗。

21. 大小连檐里口木，椽子定高分四份，十份取八是薄宽。

注：大连檐、里口木的高、宽与自身椽径相同，一椽径的四分之一是小连檐的高，一椽径的十分之八是小连檐的宽。

22、小式厅堂与房廊，三五七九十一间，取材用料柱径算。

注：小式建筑不管多少间，所有度量衡尺寸以及材料用料的尺寸都以檐柱径作为计算标准。

23. 明间面宽为一丈，一丈分成十三份，次梢间中减一份。

注：在计算建筑面宽时都要先确定出明间的开间尺寸，假定明间面宽宽一丈，把明间面宽分成十三份，其他次间递减一份，直至梢间。

24. 进深廊步五柱径，中步卷棚两柱径，金步脊步四柱径。

注：建筑廊步架规定为五个柱径，卷棚屋顶双檩规定为两个柱径，其他金步、脊步等均为四个柱径。

25. 上出檐柱十取三，举折五六七八九，五举拿头九五全。

注：上檐出是檐柱高的十分之三，举架要五举拿头，以上按照屋脊的需要可六、七、八、九举，亦可六五、七五、八五直至九五举，不可再高。亦可根据步架多少跳跃起举，五举、七五举、九五举等分配举架。

26. 柱高折径十一份，檐柱定高不过丈，柱短不小七尺五。

注：柱径等于柱高的十一分之一，假定明间面宽一丈，房屋檐柱高度一般不超过明间面宽。但是不管建筑开间多小，檐柱高不能小于七尺五寸，这是不可变的。

27. 檐里金柱与山柱，分层加粗增尺寸，按步加举得柱高。

注：檐步以里的金柱、山柱等柱的柱径，要以檐柱径为基数，逐一增粗，从檐步架开始按照每步举架尺寸加一尺算出金

柱、山柱的高度。

28. 瓜柱平水定长短，举架减桲得净尺，宽随檐柱厚随桲。

注：瓜柱长短是以上下平水减去下面桲雄背和上面桲平水获得的净尺寸，瓜柱宽度不小于檐柱径，厚随上面桲梁的宽确定。

29. 内外檐枋随梁枋，二椽半厚三椽高，箍头添榫取枋长。

注：小式建筑檐枋、随梁枋等，传统除了以柱径的比例计算，通常也会以椽径作为计算标准，枋的截面尺寸一般厚二点五椽径，高三椽径，檐角的搭角额枋要加出箍头和箍头榫才是箍头额枋的长短尺寸。

30. 七架大梁厚与宽，需按柱头五九算，梁高随跨要增减。

注：七架大梁架在金柱头上，梁宽是按照金柱径加一肩后分成五份，梁厚占九份，梁的高厚还要随着跨度长短增减，满足构造观感和十比一的长细比结构要求。

31. 五架大梁厚与宽，还以柱头算底边，增减雄背看长短。

注：五架大梁也会架在檐柱或金柱之上，所以还要以柱头计算底边的宽窄，同样要增减雄背满足构造观感和十比一的长细比结构需要。

32. 太平梁架单双步，高厚须随主梁算，取材大小一二三。

注：太平梁、抱头梁等单步或双步梁，如果是架在五架、六架或其他大梁之上，梁的截面尺寸要根据下面主梁的截面尺寸退着算，一个比一个小（一般规定最小梁的截面底边不小于桁檩径）。

33. 每步梁架五六换，要得此梁厚与宽，五九柱子加一肩。

注：不管梁架落还是基层，都要以主梁为准，向上按照五比六的关系安排上下梁底的宽度，主梁的宽厚，还是按柱子加一肩

后五九比例得到主梁截面尺寸。

34. 角梁由戗如何算，扣金压金柱插金，加斜加冲加榫全。

注：计算角梁由戗的尺寸，要看角梁是扣金、压金、插金中的哪种作法，要加角度的斜长和举架坡度的斜长，还要考虑加出冲和榫卯的长度。

35. 方五斜七加五举，冲三翘四撇半椽，檐闸金碗年可长。

注：传统工匠算老角梁和仔角梁平面90度斜长，是以方五斜七的比例计算，然后再加立面五举高度的斜长。檐檩中至仔角梁头水平距离加出冲三椽径，老角梁加两椽径，仔角梁加一椽径，仔角梁头部第一根翘飞椽的上皮与大连檐下皮、正身飞椽头的上皮之间高差为四椽径，仔角梁头翘区大连檐与正身大连檐的翘起弧度高差，位于角梁头上的斜度为半椽径，叫做撇半椽。老角梁与檐角搭角檩位置不准许开檩碗，必须做闸口榫，老角梁后尾金步搭交位置应做檩碗，这样才能防止角梁下垂撅檐，使角梁延长使用年限。

36. 六方八方算角梁，梁头冲三翘二五，步架加斜加举量。

注：六方八方算角梁与90度四方的角梁算法不一样，是以六角、八角的斜率比例计算，檐檩中至仔角梁头的水平距离加出冲三椽径，老角梁加两椽径，仔角梁加一椽径，仔角梁头部第一根翘飞椽的上皮与大连檐下皮正身飞椽头的上皮之间高差为二点五椽径，其余算法与四方角梁是一样的。

37. 若问檩径取大小，十份柱径八份算，面宽长短径增减。

注：檩径最小为柱径的十分之八，面宽较大或较小时要增减调整檩径，保证跨度比满足结构需要，并且满足建筑外观比例需要，一般调整的檩径尽量不大于柱径。

38. 再问平水如何算，柱径十份取八份，垫板薄厚椽减半。

注：这里所指平水即是檐垫板的尺寸，一般为柱径的十分之八，垫板薄厚是椽径的二分之一。

39. 檐椽脑椽花架椽，柱头三分一份算，按步加举算长短。

注：檐椽、脑椽、花架椽等椽径是檐柱头的三分之一，椽子长短要根据自身步架、举架逐一计算。

40. 老檐出二飞檐一，一头三尾压得实，檐不过步不撅檐。

注：老檐椽檐出长度是柱高的十分之二，飞头椽的长度是柱高的十分之一，飞头椽的尾子长是头的三倍。上檐出最好不超过檐步架，避免出现檐出撅檐的质量问题。

41. 大小连檐里口木，椽头定高八份宽，十份取高四份算。

注：大小连檐、里口木的截面尺寸是多少呢，大连檐高宽都是一椽径，里口木的高是一椽高再加十分之四分椽径的底边。小连檐的厚度一般不大于椽径十分之四且不小于七分，小连檐宽一般取椽径的十分之八。

42. 博风板高两檩半，厚按椽头寸不减，博风头外霸王拳。

注：博风板宽为两个半檩径，厚一椽径，只有这个尺寸才能保障燕尾枋能够插入博风板，博风头从大连檐向外出一椽，选取博风板宽的一半进行划线，分为七份，上面一份划线至大连檐做抹角，下面六份做成霸王拳的形式。

43. 花梁峰头四份收，柱头加肩的底宽，头高柱径一份半，大三份里分三份，三弯九转两边画，小小三份连成线。

注：角云花梁头回峰头的尺寸角度，是按照梁头宽的四分之一做回峰，梁头的宽是柱头加一肩（柱径十分之一或一寸）的尺寸，花梁头高是一个半柱径。花梁头的形状是按照梁头分成三

份，再依次将其中一份分成三份的办法连线分画出来的，花梁头两侧云朵线要按照三弯九转的方式来画。不管角云花梁头的大小如何变化，这种画法可以保证角云花梁头形制（鲁班鞋）永远是一个模样。

44. 前檐出廊后无廊，桁架要用接尾梁，脊正檐齐盖正房。

注：在前檐出廊子后檐不出廊子的建筑上，建筑前后檐一定是前低后高，撅尾巴不好看，要想前后檐外观一样高，桁架廊步抱头梁就要与大梁对接在一个层面上，这样才能脊正檐齐盖正房。

45. 桁架不用接尾梁，前后矬檐端正脊，半步借架在中央。

注：在前檐出廊子后檐处不出廊子的建筑上，廊步抱头梁不与大梁处在一个层面对接，大梁上的步架就必须调整，采取借架的方式把脊步先往前攒半个步架，调整后的步架也能使建筑前后檐在感官上差不多一样高。

46. 大木榫卯讨腿活，指东说西上青下白，三勾五撒肩抱严。

注：讨腿是在大木作制作榫卯时，为了使榫与卯深浅严紧一致所采取的一种技术措施，是将柱头制作出来的卯口深度、宽度、高度，实测记画在一块抽板之上，将抽板所记画的尺寸过画到对应的额枋榫上，使柱头卯口的尺寸与额枋榫的尺寸吻合一致，严丝合缝。指着柱子东边卯口说西侧额枋的榫。上青下白是指抽板的两端相当于枋字两端，带字的一面标写卯口上端的尺寸，称为上青，无字的一面标写卯口下端的尺寸，称为下白，制作好的枋上面标写的位置为上青，下面为下白。柱头不圆，卯口两侧肩膀不平。抽板上记画的尺寸有两个，两个尺寸之间不超过3毫米时去平均值，两个尺寸之间超过5毫米就应用锯截掉，这

种传统做法会使柱子与额枋的肩膀比较严密，就叫做三勺五撒。

47. 柱头十份馒头三，柱下管脚施一椽，升线盘头留撬眼。

注：馒头榫的长短宽窄不大于柱头径的十分之三，柱子管脚榫的长短直径是一椽径，柱子盘头要以升线过画盘头线，柱根制作时在四面要预留出拨正时用的撬眼。

48. 燕尾榫卯银锭扣，一寸长短分半乍，柱头大小十取三。

注：燕尾榫卯和银锭扣的乍角多大合适，榫卯长度的十分之一至十分之一点五，额枋榫卯的大小是檐柱径的十分之三，银锭扣的乍角大小与燕尾榫的乍角大小是一样的。

49. 大进小出三七五，厚四高乍分二一，留有涨眼榫卯严。

注：大木作中穿插枋等很多枋类采用直插榫，透榫中六进小出榫的尺寸是根据檐柱径的比例所决定的，大进榫深度不大于檐柱径的十分之三，小出榫高是自身榫高的五分之三，长出将军头是自身榫高的五分之二，二五相加视为七，穿插枋榫厚一般不大于檐柱径十分之三，不小于檐柱径四分之一，除了穿插枋，其他截面较大枋类"大进小出"，榫卯出头，高矮可按"二分之一"分之。凡是透榫都应预留加楔子的涨眼。

50. 梁枋三开一等肩，十取一份倒楞线，回肩抱肩裹楞圆。

注：过去木作有一句老话叫作，木匠不倒棱，手艺没学成。大木作梁枋撞肩要裹楞倒角，把肩膀均分三份，一份撞肩二裹楞倒角叫作三开一等肩。将梁枋的截面高度和宽度相加后的二分之一尺寸作为基数分成十份，一份就是四角的裹楞线。

51. 斗子匾额横竖分，字头定下额头算，口诀记在心里面。
里一半来外一半，一半一半又一半，里面腕线外撒线。

注：古建筑中的挂匾方式分为两种，横使叫匾，立使叫额，

匾额的大小要根据檐头额枋至檐口老檐椽头以里的倾斜尺寸确定，有了这个尺寸还应减掉斗盘边框，然后确定字的数量和体量。斗子匾字体按照字的大小，上面留白不小于字体的一半，然后确定匾芯大小，调整边框宽窄尺寸确定斗子撇度。制作斗子匾的斗型边框撇度通常不小于 60 度，不大于 45 度。边宽约等于匾芯的一半，上边眉子出头也是匾芯的一半，两侧边腿子出头还是匾芯的一半，在制作中边框合角、里角要去掉线，外角要留线，这样做才会严实，风吹日晒、热胀冷缩不开裂变形，斗子匾不容易坏。

52. 霸王拳头分六份，余腮两端阴阳钩，混元太极挂中间。

注：不管用在什么位置，霸王拳都要按照六份均分，上下两份画阴阳反正半圆弧，中间两份画半圆，下面两份画阴阳正反半圆弧，就如同上下两个钩子挂着一个阴阳鱼。

53. 蚂蚱头起分七份，头一脸二底连三，回峰退脸腮帮尖。

注：七分头也叫蚂蚱头，上下竖着分七份，横着分三份，上边头占一份，脸向下画线占两份，再下面画底占三份。蚂蚱头的峰头向回退，做出峰头。

54. 三叉头高三份分，上下交叉线相连，小式端头身自然。

注：三叉头是竖着分三份，横向分两份，上面头占一份，中间向下画线占一份，三叉头的底面占两份，然后上中下交叉连线。小式建筑端头这样做不会招惹是非。

55. 木轮薄厚有阴阳，大木放线翻选料，阴面外使阳朝上。

注：大木制作放线选料要注意翻个选择木材受力面，木材在生长时有阳面和阴面，阳面与阴面木质疏密程度不一样，阳面树筋肉厚，适合做受压面，阴面树筋密实抗拉，弹性较强，适合

做底面。所以盖房时要求梁枋柁木檩件制作要翻选料，柱子要阴面向外、阳面向里使用，横向受力构件要阳面朝上、阴面朝下使用。

56. 捎子上使头朝西，左手晒公不晒母，大木屋架寿延年。

注：大木制作放线选料要注意树梢和树根的使用方向，制作柱子树根不准朝上，树梢不准朝下。中国传统方向是坐北朝南、坐东朝西，所以北面与东面为上首，南北盖房桁檩树梢做榫要头朝西放置，东西盖房屋树梢做榫要头朝南放置，这就叫晒公不晒母，这样盖出的房屋结实，使用年头才会长久。

二、“木作不离三”小口头禅

1. 四梁八柱房三间，柱高十份檐出三。

注：老百姓盖三间房最少也要用四缝梁架八根柱子，上檐出是柱子的十分之三。

2. 三分柱头椽一份，犄角旮旯档半椽。

注：檐柱径的三分之一是一椽径，硬山房屋檐子两端叫犄角旮旯，要留半个椽档。

3. 软硬横披分三五，窗台高矮十取三。

注：内外檐横披窗有软硬做法，窗子分派都应是三、五、七单数分之，窗台的高矮是檐柱高的十分之三。

4. 门窗帽头三面肩，五份榫头两份天。

注：门窗制作中山下帽头（抹头）榫卯不能豁口，要留天留地，榫宽是帽头宽的五分之三，剩下的五分之二是榫卯留下的天地。

5. 房子大小随意变，椽子双数不能变，

单数椽子绝户活，空挡坐中合家欢。

注：盖房的进深、面宽大小可随意变化，但是开间中的椽子必须是双数。按照传统风水说法单椽子是绝户活，只有空挡坐中的双椽子才是全户活。

7. 一盘柁头二盘檩，三盘柱子站得稳，

注：盖房的柱子下脚在制作时应分三锯盘头，这样柱子才能站立得平稳。

8. 方五斜七找方角，内四外六分八方。

注：方五斜七是木匠放线的一种传统方法，同样四六分配方式也是木匠放八卦线或画八方时采用的传统方法。

三、"瓦作不离二"小口头禅

1. 下檐出二再出二，台明金边退花碱，大小台阶尺寸全。

注：瓦石作下檐出是檐柱高的十分之二，下檐出减去自身的十分之二是墀头腿子下面小台阶的尺寸，墀头腿子下面小台阶的十分之二是小金边的尺寸，小金边的十分之二是墙下碱、小花碱的尺寸。

2. 下出减二台明高，阶条四寸为最薄，陡板台阶两不少。

注：台明最矮的高度尺寸是下檐出减去自身的十分之二，以台明的高度分派阶条台阶的厚度时最小不应小于四寸，台明最低应留一步台阶。

3. 垂带宽窄一尺二，二二相加往上算，一尺七寸不一般。

注：最窄的垂带宽一尺二寸，以一尺二寸为基数向上依次增加二寸，一般不超过一尺七寸，一尺七寸以上至二尺的垂带通常

只有宫殿里才会出现。

4. 踏跺如意宽一尺，六寸踏步高抬腿，四寸五寸最适脚。

注：踏跺台阶通常宽一尺，厚五寸，踏跺台阶四寸厚时宽不小于八寸，在台明分派踏跺时最好小于六寸，避免出现上下时高抬腿和抻脚的现象。

5. 雕花盘子素盘子，三五七、五七九，七九十一随瓦走。

注：在屋面瓦作中垂脊檐头的规矩盘子的大小咧角的斜度是随着瓦号的大小变化的，十号瓦使用的咧角盘子长宽大小边是三寸、五寸、七寸，三号瓦使用的咧角盘子长宽大小边是五寸、七寸、九寸，二号瓦使用的咧角盘子长宽大小边是七寸、九寸、十一寸，以此类推按照瓦号向上推算。

6. 墀头腿子有多宽，檐柱尺寸加一倍，抢中一寸往外算。

担子勾、狗子咬，马莲对、三破中，定了墙厚把砖找。

注：在传统建筑中山墙的厚度是根据木作檐柱径大小计算的，由檐柱外皮加一柱径是柱子外包金墙的厚度，硬山腿子是以檐角柱中线向内加一寸至外包金墙皮定宽，以此尺寸选择腿子砖料加工尺寸与担子勾、狗子咬、马莲对、三破中等砌筑方式。

7. 下碱高矮如何算，柱高三分取一份，分成单层砍样砖。

注：传统建筑中山墙的下碱高矮是按照檐柱高的三分之一设定的，下碱砖的层数都必须是单数，不管是干摆下碱还是丝缝下碱都应当按照传统砖料加工方式五扒皮磨砖、砍砖，砖料必须留有转头肋与包灰。

注解人：郑晓阳、张庆明

初次整理时间：2018 年 9 月 16 日